ミニマム線形代数

大橋　常道
加藤　末広　共著
谷口　哲也

コロナ社

「ミニマム線形代数」正誤表

p.13　例題 1.3【解答】1〜2 行目
[正]
$$X = \begin{pmatrix} x & y \\ z & w \end{pmatrix}, \ AX = E \text{ とおくとき},$$

同上　式 (1.12) の下 3 行
[正]
である．この X に対して $XA = E$ も確かめられ，A は正則行列になる．
　逆に，$ad - bc = 0$ とすると，(i) で z を消去した式 $(ad-bc)x = d$ より $d = 0$，x を消去した式 $(ad-bc)z = -c$ より $c = 0$ が得られ，(ii) の第 2 式に矛盾．したがって，$AX = E$ を満たす X は存在せず，A は正則でない．

p.32　定理 2.3 証明の 3 行目
[正]　であるから，$a_{1p_1} a_{2p_2} \cdots a_{np_n}$ の積の順序を入れ換えて

同上　8 行目
[誤]　$\varepsilon(2\ 3\ 1) a_{21} a_{32} a_{13}$　　　　[正]　$\varepsilon(3\ 1\ 2) a_{21} a_{32} a_{13}$

p.46　4〜5 行目（以下の文を削除）
　ただし，$b_1, b_2, \cdots, b_n$ の n 個は同時には 0 にならないとする．

p.47　定理 2.8 の 1〜3 行目
[正]
　連立 1 次方程式 (2.11) は係数行列 A が $|A| \neq 0$ を満たすときただ 1 組の解をもち，解 $\boldsymbol{x}$ の第 j 成分は次式で与えられる．

③

最新の正誤表がコロナ社ホームページにある場合がございます．
下記 URL にアクセスして [キーワード検索] に書名を入力して下さい．
http://www.coronasha.co.jp

まえがき

　この教科書は，大学で数学を専門としないような学部の学生が，初年時の半期で線形代数学の基礎を学ぶための教科書として書かれています．一般の線形代数学の教科書と比較するとその内容はかなり少なめになっていますが，大学の一般（教養）教育の中で最低限必要と思われる基本的な事項は取り入れてあります（最小限の線形代数＝ミニマム線形代数）．多くの私立大学では，半期の授業は 13 回から 15 回くらいなのでこの回数に合わせるような内容にしてあります．その意味で，各章の中の＊印の付いた節は省略して進むことをお勧めします．この部分は学生さんの独習に任せましょう．一方，＊印の節を含むすべてを学ぶことで，通年の授業の使用にも耐えられる教科書であると考えています．

　線形代数学は，行列やベクトルの性質および線形空間と呼ばれる 1 つの空間の性質を明らかにする学問であり，微積分学とならんで大学初年時に学ぶ数学のもう 1 つの柱となっています．線形空間の理論は，局所的な個々の性質が全体を形づくるという単純な構造をもっているため，自然科学や医学・工学の中で現れる基本的な性質（重ね合せの原理など）を説明できるのはもちろんのこと，情報科学や社会科学および経済学の分野においても，理論モデルの骨格を形づくるのはその線形性であり，幅広く応用されています．

　本書では，理論の記述にあたっては，論理的な思考を重視して定理などの証明もなるべく付けるように配慮しました．また，例題も多く取り上げたので，内容の理解の助けとなるでしょう．各節の終わりには，易しいものからかなり難しいものまで練習問題を付けたので，これらを解くことで十分な実力を身に付けることができるでしょう．

　ここで学んだ内容を足がかりとして，学生諸君が将来の専門分野の研究の中で線形代数の理論を活用・応用してくれることを願っています．

2008 年 5 月

大橋　常道

目　　　次

1.　行列とベクトル

1.1　行列とその演算 …………………………………………………… 1
1.2　正　方　行　列 …………………………………………………… 10
1.3　1 次 変 換 * ……………………………………………………… 17

2.　行　列　式

2.1　行列式の定義 ……………………………………………………… 26
2.2　余 因 子 展 開 ……………………………………………………… 31
2.3　連立1次方程式 …………………………………………………… 43
2.4　はきだし法と行列の階数 * ……………………………………… 53

3.　線　形　空　間

3.1　ベクトルの1次独立と1次従属 ………………………………… 68
3.2　線　形　空　間 …………………………………………………… 79
3.3　R^3 の幾何学 * …………………………………………………… 87

4.　固有値とその応用

4.1　行列の固有値と固有ベクトル …………………………………… 96
4.2　行列の対角化 ……………………………………………………… 101
4.3　固有値と固有ベクトルの応用 * ………………………………… 115

引用・参考文献 ………………………………………………………… 136
問　　の　　答 ………………………………………………………… 137
問 題 の 答 ……………………………………………………………… 143
索　　　　　引 ………………………………………………………… 154

1 行列とベクトル

1.1 行列とその演算

いくつかの数を長方形に並べてかっこで囲んだもの，例えば

$$A = \begin{pmatrix} 5 & -3 \\ -6 & 4 \end{pmatrix}, \quad B = \begin{pmatrix} 1 & 2 & -3 \\ -4 & 0 & -2 \end{pmatrix}, \quad C = \begin{pmatrix} 1+i & -i \\ 2-3i & 4+2i \end{pmatrix}$$

$$D = \begin{pmatrix} -2 & 1 & 5 & 3 \\ 3 & -3 & 1 & 0 \\ 7 & -1 & 4 & -6 \end{pmatrix}, \quad X = \begin{pmatrix} x_1 & x_2 \\ y_1 & y_2 \\ z_1 & z_2 \end{pmatrix}$$

などを**行列**といい，アルファベットの大文字 $A, B, C, X, \cdots$ などで表す．1つの行列の中で並んでいる数は**成分**といい，横の並びを**行**といい，上から順に第1行，第2行，第3行，$\cdots$ という．また，行列の縦の並びを**列**といい，左から順に第1列，第2列，第3列，$\cdots$ という．成分が実数の行列を**実行列**，複素数の行列を**複素行列**（上の行列 C）という．この教科書ではほとんど実行列のみを扱うので，以下実行列は単に行列と呼ぶことにする．

一般に，m 個の行と n 個の列からなる行列 A

$$A = \begin{pmatrix} a_{11} & a_{12} & \cdots & a_{1j} & \cdots & a_{1n} \\ a_{21} & a_{22} & \cdots & a_{2j} & \cdots & a_{2n} \\ & & \cdots & & & \\ a_{i1} & a_{i2} & \cdots & a_{ij} & \cdots & a_{in} \\ & & \cdots & & & \\ a_{m1} & a_{m2} & \cdots & a_{mj} & \cdots & a_{mn} \end{pmatrix} \tag{1.1}$$

を $m \times n$ 行列 または (m, n) 行列という.また,第 i 行で j 列目の成分 a_{ij} を (i, j) 成分という. $n \times 1$ 行列

$$\boldsymbol{a} = \begin{pmatrix} a_1 \\ a_2 \\ \vdots \\ a_n \end{pmatrix} \tag{1.2}$$

を n 項列ベクトルまたは n 次元列ベクトルといい, $1 \times n$ 行列

$$\boldsymbol{b} = (\, b_1 \quad b_2 \quad \cdots \quad b_n \,) \tag{1.3}$$

を n 項行ベクトルまたは n 次元行ベクトルという.ベクトルは一般にアルファベットの小文字の太い文字 $\boldsymbol{a}$, $\boldsymbol{b}$, $\boldsymbol{c}$, $\boldsymbol{x}$, $\boldsymbol{y}$, $\cdots$ などで表す.

$n \times n$ 行列は n 次正方行列と呼ばれ,今後最も頻繁に使われる行列である.

例 1.1 $A = \begin{pmatrix} 3 & -1 & 4 \\ -2 & 0 & 5 \end{pmatrix}$ は 2×3 行列, $\boldsymbol{c} = \begin{pmatrix} -2 \\ 4 \\ -5 \end{pmatrix}$ は 3 次元列ベクトル, $P = \begin{pmatrix} 1 & 2 & 3 & 4 \\ 2 & 4 & 6 & 8 \\ 3 & 6 & 9 & 12 \\ 4 & 8 & 12 & 16 \end{pmatrix}$ は (i, j) 成分が $a_{ij} = ij$ で表される 4 次正方

行列である．

 行列やベクトルは，数の集合としての新しい量と考えられるので，これらの量に対する演算法則を考えたい．まず最初に，行列の相等，スカラー倍，和と差について定義する．

定義 1.1 行列 A と B は同じ大きさの $m \times n$ 行列とする．
(1) A と B が**等しい**とは，A の (i, j) 成分 a_{ij} と B の (i, j) 成分 b_{ij} がすべて等しいときをいう．すなわち，$a_{ij} = b_{ij}$, $(i = 1, 2, \cdots, m,\ j = 1, 2, \cdots, n)$.
(2) 行列 A の c 倍を**スカラー倍**といい，A のすべての成分を c 倍する：
$$cA = \begin{pmatrix} ca_{11} & ca_{12} & \cdots & ca_{1n} \\ ca_{21} & ca_{22} & \cdots & ca_{2n} \\ \vdots & \vdots & \ddots & \vdots \\ ca_{m1} & ca_{m2} & \cdots & ca_{mn} \end{pmatrix}.$$
(3) A と B の和と差は対応する (i, j) 成分の和と差からなる：
$$A \pm B = \begin{pmatrix} a_{11} \pm b_{11} & a_{12} \pm b_{12} & \cdots & a_{1n} \pm b_{1n} \\ a_{21} \pm b_{21} & a_{22} \pm b_{22} & \cdots & a_{2n} \pm b_{2n} \\ \vdots & \vdots & \ddots & \vdots \\ a_{m1} \pm b_{m1} & a_{m2} \pm b_{m2} & \cdots & a_{mn} \pm b_{mn} \end{pmatrix}.$$

 $1A = A$, $(-1)A = -A$ と書くことにすると，$A - B = A + (-1)B = A + (-B)$ である．また，$A - A$ はすべての成分が 0 の行列になる．すべての成分が 0 の行列を，**零行列**といい，O と書く：

1. 行列とベクトル

$$O = \begin{pmatrix} 0 & 0 & \cdots & 0 \\ 0 & 0 & \cdots & 0 \\ \vdots & \vdots & \ddots & \vdots \\ 0 & 0 & \cdots & 0 \end{pmatrix}.$$

つぎの結果が成り立つのは明らかである．

定理 1.1 A, B, C を同じ型の行列, O をこれらと同じ型の零行列, c, d を定数とするとき, 次式が成り立つ．

(1) $A + B = B + A$

(2) $(A + B) + C = A + (B + C)$

(3) $A + O = O + A = A$, $\ A + (-A) = (-A) + A = O$

(4) $c(A + B) = cA + cB$

(5) $(c + d)A = cA + dA$

(6) $c(dA) = d(cA) = (cd)A$

例 1.2 $A = \begin{pmatrix} 1 & 2 & -3 \\ -4 & 0 & -2 \end{pmatrix}$, $B = \begin{pmatrix} 5 & 1 & 2 \\ -2 & -1 & 0 \end{pmatrix}$ のとき,

$$5A - 2B = \begin{pmatrix} 5 & 10 & -15 \\ -20 & 0 & -10 \end{pmatrix} - \begin{pmatrix} 10 & 2 & 4 \\ -4 & -2 & 0 \end{pmatrix} = \begin{pmatrix} -5 & 8 & -19 \\ -16 & 2 & -10 \end{pmatrix}.$$

また, $-A + X = 3B$ を満たす行列 X は,

$$X = A + 3B = \begin{pmatrix} 1 & 2 & -3 \\ -4 & 0 & -2 \end{pmatrix} + 3\begin{pmatrix} 5 & 1 & 2 \\ -2 & -1 & 0 \end{pmatrix} = \begin{pmatrix} 16 & 5 & 3 \\ -10 & -3 & -2 \end{pmatrix}.$$

さてここで行列の積を定義するが, 和や差と異なり, 同じ型の 2 つの行列に対して定義するものではないことに注意してほしい．

定義 1.2 A が $m \times k$ 行列, B が $k \times n$ 行列のとき A と B の積はつぎのように定義される：

$$AB = \begin{pmatrix} a_{11} & a_{12} & \cdots & a_{1k} \\ a_{21} & a_{22} & \cdots & a_{2k} \\ \vdots & \vdots & \ddots & \vdots \\ a_{m1} & a_{m2} & \cdots & a_{mk} \end{pmatrix} \begin{pmatrix} b_{11} & b_{12} & \cdots & b_{1n} \\ b_{21} & b_{22} & \cdots & b_{2n} \\ \vdots & \vdots & \ddots & \vdots \\ b_{k1} & b_{k2} & \cdots & b_{kn} \end{pmatrix}$$

$$= \begin{pmatrix} \sum_{j=1}^{k} a_{1j}b_{j1} & \sum_{j=1}^{k} a_{1j}b_{j2} & \cdots & \sum_{j=1}^{k} a_{1j}b_{jn} \\ \sum_{j=1}^{k} a_{2j}b_{j1} & \sum_{j=1}^{k} a_{2j}b_{j2} & \cdots & \sum_{j=1}^{k} a_{2j}b_{jn} \\ \vdots & \vdots & \ddots & \vdots \\ \sum_{j=1}^{k} a_{mj}b_{j1} & \sum_{j=1}^{k} a_{mj}b_{j2} & \cdots & \sum_{j=1}^{k} a_{mj}b_{jn} \end{pmatrix}. \quad (1.4)$$

注意：A の列の数と B の行の数が等しいとき，積 AB は定義され，その大きさは $m \times n$ 行列である．行列の積は簡単にいうと，A の行ベクトルと B の列ベクトルの内積（定義 1.7 参照）からなる．すなわち，積 AB の (i,j) 成分を c_{ij} とおくと

$$c_{ij} = a_{i1}b_{1j} + a_{i2}b_{2j} + \cdots + a_{ik}b_{kj} = \sum_{l=1}^{k} a_{il}b_{lj}. \quad (1.5)$$

これは A の i 行と B の j 列の内積である．

例 1.3

$$\boldsymbol{a} = \begin{pmatrix} 1 & -1 & 2 \end{pmatrix}, \boldsymbol{b} = \begin{pmatrix} 5 \\ 4 \\ 3 \end{pmatrix}, A = \begin{pmatrix} 2 & -2 & 1 \\ 3 & 2 & 4 \\ 0 & 1 & -2 \end{pmatrix}, B = \begin{pmatrix} 3 & 1 \\ 2 & -4 \\ -1 & 2 \end{pmatrix}$$

のとき，

$$aA = \begin{pmatrix} 1\cdot 2 - 1\cdot 3 + 2\cdot 0 & 1\cdot(-2) - 1\cdot 2 + 2\cdot 1 & 1\cdot 1 - 1\cdot 4 + 2\cdot(-2) \end{pmatrix}$$
$$= \begin{pmatrix} -1 & -2 & -7 \end{pmatrix}.$$

$$AB = \begin{pmatrix} 2\cdot 3 - 2\cdot 2 + 1\cdot(-1) & 2\cdot 1 - 2\cdot(-4) + 1\cdot 2 \\ 3\cdot 3 + 2\cdot 2 + 4\cdot(-1) & 3\cdot 1 + 2\cdot(-4) + 4\cdot 2 \\ 0\cdot 3 + 1\cdot 2 - 2\cdot(-1) & 0\cdot 1 + 1\cdot(-4) - 2\cdot 2 \end{pmatrix} = \begin{pmatrix} 1 & 12 \\ 9 & 3 \\ 4 & -8 \end{pmatrix}.$$

また，$ab = 5 - 4 + 6 = 7$，（1×1 行列は数とみなす）

$$ba = \begin{pmatrix} 5 & -5 & 10 \\ 4 & -4 & 8 \\ 3 & -3 & 6 \end{pmatrix}.$$

この例では，Aa，BA などは計算できないことに注意せよ．

例 1.4 $A = \begin{pmatrix} 2 & -4 \\ -1 & 3 \end{pmatrix}$, $B = \begin{pmatrix} 1 & 5 \\ 2 & 4 \end{pmatrix}$ のとき，

$$AB = \begin{pmatrix} -6 & -6 \\ 5 & 7 \end{pmatrix}, \quad BA = \begin{pmatrix} -3 & 11 \\ 0 & 4 \end{pmatrix}$$

となり，一般に $\underline{AB \neq BA}$ であることがわかる．

例 1.5 連立 1 次方程式 $\begin{cases} a_1 x + a_2 y + a_3 z = k_1 \\ b_1 x + b_2 y + b_3 z = k_2 \\ c_1 x + c_2 y + c_3 z = k_3 \end{cases}$ は

$$A = \begin{pmatrix} a_1 & a_2 & a_3 \\ b_1 & b_2 & b_3 \\ c_1 & c_2 & c_3 \end{pmatrix}, \quad x = \begin{pmatrix} x \\ y \\ z \end{pmatrix}, \quad k = \begin{pmatrix} k_1 \\ k_2 \\ k_3 \end{pmatrix} \text{ とおくと，ベクトル}$$

と行列を用いて

$$A\boldsymbol{x} = \boldsymbol{k}$$

と表すことができる．行列とベクトルで表現すると，1次方程式とみなすことができる．

問 1. $A = \begin{pmatrix} 2 & 4 & 0 \\ -3 & 1 & 1 \end{pmatrix}$, $B = \begin{pmatrix} 1 & -5 \\ 2 & -3 \\ 0 & 4 \end{pmatrix}$ のとき，AB と BA を求めよ．

問 2. 次式を行列とベクトルを用いて表せ．

(1) $\begin{cases} 4x_1 + 2x_2 - 3x_3 = b_1 \\ -2x_1 + 3x_2 + x_3 = b_2 \end{cases}$ (2) $\begin{cases} y_1 = 2x_1 - 3x_2 + 2 \\ y_2 = -x_1 + 4x_2 - 3 \end{cases}$

定理 1.2 積および和が定義される行列について，次式が成り立つ．ただし，c は定数である．

(1) $(AB)C = A(BC)$
(2) $A(B + C) = AB + AC$
(3) $(A + B)C = AC + BC$
(4) $(cA)B = A(cB) = c(AB)$

証明 (1) のみを示す．他は容易である．A を (l, m) 行列，B を (m, n) 行列，C を (n, p) 行列とすると，AB の (i, s) 成分は $\sum_{t=1}^{m} a_{it} b_{ts}$，$BC$ の (t, j) 成分は $\sum_{s=1}^{n} b_{ts} c_{sj}$ であるから，

$$[(AB)C \text{ の } (i, j) \text{ 成分}] = \sum_{s=1}^{n} \left(\sum_{t=1}^{m} a_{it} b_{ts} \right) c_{sj}$$

$$= \sum_{s=1}^{n} (a_{i1} b_{1s} + a_{i2} b_{2s} + \cdots + a_{im} b_{ms}) c_{sj}$$

$$= a_{i1} \sum_{s=1}^{n} b_{1s} c_{sj} + a_{i2} \sum_{s=1}^{n} b_{2s} c_{sj} + \cdots + a_{im} \sum_{s=1}^{n} b_{ms} c_{sj}$$

$$= \sum_{t=1}^{m} a_{it} \left(\sum_{s=1}^{n} b_{ts} c_{sj} \right) = [A(BC) \text{ の } (i,j) \text{ 成分}]. \qquad \square$$

定義 1.3 行列 A の行と列を入れ換えた行列を A の**転置行列**といい ^tA で表す. すなわち:

$$A = \begin{pmatrix} a_{11} & a_{12} & \cdots & a_{1n} \\ a_{21} & a_{22} & \cdots & a_{2n} \\ \vdots & \vdots & \ddots & \vdots \\ a_{m1} & a_{m2} & \cdots & a_{mn} \end{pmatrix} \text{ のとき}, \; {}^tA = \begin{pmatrix} a_{11} & a_{21} & \cdots & a_{m1} \\ a_{12} & a_{22} & \cdots & a_{m2} \\ \vdots & \vdots & \ddots & \vdots \\ a_{1n} & a_{2n} & \cdots & a_{mn} \end{pmatrix}.$$

例題 1.1 $A = \begin{pmatrix} 1 & 2 & -3 \\ -4 & 0 & -2 \end{pmatrix}, \; B = \begin{pmatrix} 3 & 1 \\ 2 & -4 \\ -1 & 2 \end{pmatrix}$ のとき, ${}^t(AB), \; {}^tB\,{}^tA$ を求めよ.

【解答】 $AB = \begin{pmatrix} 10 & -13 \\ -10 & -8 \end{pmatrix}$ だから, ${}^t(AB) = \begin{pmatrix} 10 & -10 \\ -13 & -8 \end{pmatrix}$. 一方

$${}^tB\,{}^tA = \begin{pmatrix} 3 & 2 & -1 \\ 1 & -4 & 2 \end{pmatrix} \begin{pmatrix} 1 & -4 \\ 2 & 0 \\ -3 & -2 \end{pmatrix} = \begin{pmatrix} 10 & -10 \\ -13 & -8 \end{pmatrix}.$$

この例で, ${}^t(AB) = {}^tB\,{}^tA$ となったのは偶然ではなくいつも成立する. $\diamondsuit$

問 3. 問 1. の A, B に対して, ${}^t(AB), \; {}^tB\,{}^tA$ を求めよ.

定理 1.3 和や積が定義される行列 A, B, 定数 c に対して, 次式が成り立つ.

(1) ${}^t({}^tA) = A$

(2) ${}^t(A+B) = {}^tA + {}^tB$

(3) ${}^t(AB) = {}^tB\,{}^tA$

(4) ${}^t(cA) = c\,{}^tA$

証明 (3) を証明する．他は明らかである．
A を $m \times k$ 行列，B を $k \times n$ 行列として，AB の (i,j) 成分，すなわち ${}^t(AB)$ の (j,i) 成分は $\displaystyle\sum_{l=1}^{k} a_{il}b_{lj}$ となる．一方，${}^tB\,{}^tA$ の (j,i) 成分は $\displaystyle\sum_{l=1}^{k} b_{lj}a_{il} = \sum_{l=1}^{k} a_{il}b_{lj}$ となる． □

問　題　1.1

問 1. $A = \begin{pmatrix} 3 & 1 \\ -1 & 2 \\ 0 & -4 \end{pmatrix}$, $B = \begin{pmatrix} -2 & 1 & 6 \\ 3 & -2 & 0 \end{pmatrix}$, $\boldsymbol{a} = \begin{pmatrix} 1 \\ -2 \\ 3 \end{pmatrix}$,

$\boldsymbol{b} = \begin{pmatrix} 5 & 2 \end{pmatrix}$ のとき，次式を計算せよ．

(1) $2A - 3\,{}^tB$　(2) ${}^tA\boldsymbol{a}$　(3) $\boldsymbol{b}B$　(4) AB　(5) ${}^tA\,{}^tB$

問 2. 次式を満たすベクトル，行列を求めよ．

(1) $\begin{pmatrix} 4 & 1 \\ 7 & 2 \end{pmatrix} \begin{pmatrix} u \\ v \end{pmatrix} = \begin{pmatrix} 2 \\ 3 \end{pmatrix}$　(2) $\begin{pmatrix} -3 & 2 \\ 4 & -6 \end{pmatrix} \begin{pmatrix} a & b \\ c & d \end{pmatrix} = \begin{pmatrix} 2 & 0 \\ 0 & 2 \end{pmatrix}$

(3) $\begin{pmatrix} 5 & -3 \\ 1 & 4 \\ 2 & 1 \end{pmatrix} \begin{pmatrix} x & y \\ z & w \end{pmatrix} = \begin{pmatrix} 11 & 4 \\ -7 & 10 \\ 0 & 6 \end{pmatrix}$

問 3. $AB = BA$ が成り立つとき，行列 A と B は**可換**であるという．つぎの行列を A とするとき，A と可換な行列をすべて求めよ．

(1) $\begin{pmatrix} 0 & -1 \\ 1 & 0 \end{pmatrix}$　(2) $\begin{pmatrix} 1 & 2 \\ 0 & -1 \end{pmatrix}$　(3) $\begin{pmatrix} 0 & 1 & 0 \\ 1 & 0 & 0 \\ 0 & 0 & 0 \end{pmatrix}$

1.2 正方行列

n 次正方行列

$$A = \begin{pmatrix} a_{11} & a_{12} & \cdots & a_{1n} \\ a_{21} & a_{22} & \cdots & a_{2n} \\ \vdots & \vdots & \ddots & \vdots \\ a_{n1} & a_{n2} & \cdots & a_{nn} \end{pmatrix} \tag{1.6}$$

の左上から右下へ向かう対角線上にある成分 $a_{11}, a_{22}, \cdots, a_{nn}$ を行列 A の**対角成分**という．対角成分以外の成分がすべて 0 の行列を**対角行列**といい，つぎのように表す．

$$\begin{pmatrix} a_{11} & & & O \\ & a_{22} & & \\ & & \ddots & \\ O & & & a_{nn} \end{pmatrix}$$

対角成分が全て 1 の行列を**単位行列**といい，E で表す：

$$E = \begin{pmatrix} 1 & & & O \\ & 1 & & \\ & & \ddots & \\ O & & & 1 \end{pmatrix}$$

単位行列は，数字の 1 に対応する行列で，次式を満たすことは明らかである．

$$AE = EA = A. \tag{1.7}$$

2 つの n 次正方行列 A, B については，和 $A+B$，差 $A-B$，積 AB は常に定義される．また，正方行列 A の r 個の積を A^r と書く：

$$A^r = \underbrace{AA \cdots A}_{r} \tag{1.8}$$

例題 1.2 $A = \begin{pmatrix} 2 & 1 \\ -1 & 4 \end{pmatrix}$, $B = \begin{pmatrix} -1 & 3 \\ 1 & -2 \end{pmatrix}$ のとき, $(A+B)^2$, $A^2 + 2AB + B^2$ を求めよ．

【解答】 $(A+B)^2 = \begin{pmatrix} 1 & 4 \\ 0 & 2 \end{pmatrix} \begin{pmatrix} 1 & 4 \\ 0 & 2 \end{pmatrix} = \begin{pmatrix} 1 & 12 \\ 0 & 4 \end{pmatrix}$.

$A^2 + 2AB + B^2 = \begin{pmatrix} 3 & 6 \\ -6 & 15 \end{pmatrix} + 2\begin{pmatrix} -1 & 4 \\ 5 & -11 \end{pmatrix} + \begin{pmatrix} 4 & -9 \\ -3 & 7 \end{pmatrix} = \begin{pmatrix} 5 & 5 \\ 1 & 0 \end{pmatrix}$. ◇

上の例で見るように，行列では一般に $AB \neq BA$ なので，文字式で成り立つような等式は一般に成り立たない：

$$(A-B)(A+B) \neq A^2 - B^2, \quad (A \pm B)^2 \neq A^2 \pm 2AB + B^2. \quad (1.9)$$

ただし，A と E だけからなる式については，つぎのような公式が成り立つ：

$$(A-E)(A+E) = A^2 - E, \quad (A \pm E)^2 = A^2 \pm 2A + E,$$
$$(A \pm E)^3 = A^3 \pm 3A^2 + 3A \pm E,$$
$$(A-E)(A^{n-1} + A^{n-2} + \cdots + A + E) = A^n - E. \quad (1.10)$$

問 4． 等式 (1.10) を証明せよ．

定義 1.4 ${}^t A = A$ を満たす正方行列を**対称行列**という．

対称行列は，正方行列の中で比較的よい性質をもった行列であることが章を追うごとに理解されるだろう．

例 1.6 対称行列の例：

$$A = \begin{pmatrix} 5 & -2 \\ -2 & -3 \end{pmatrix}, \quad B = \begin{pmatrix} \sin\theta & \cos\theta \\ \cos\theta & -\sin\theta \end{pmatrix}, \quad C = \begin{pmatrix} a & -1 & 2 \\ -1 & b & 4 \\ 2 & 4 & c \end{pmatrix}.$$

対称行列どうしの和と差はやはり対称行列になるが,積は一般に対称行列にならない.例えば,

$$\begin{pmatrix} 1 & 2 \\ 2 & 0 \end{pmatrix} \begin{pmatrix} 5 & 1 \\ 1 & -1 \end{pmatrix} = \begin{pmatrix} 7 & -1 \\ 10 & 2 \end{pmatrix}.$$

問 5. 行列 $\begin{pmatrix} 5 & a & 2a \\ 4a-b & 2 & 4 \\ b+1 & 4 & -3 \end{pmatrix}$ が対称行列になるように定数 a, b を定めよ.

さて,数の世界では1つの数の逆数が重要な役割を演ずることがあるが,行列では逆数に対応するような行列はあるだろうか? また,あればどのような性質をもつか見てみよう.

定義 1.5 1つの与えられた行列 A と X は共に n 次正方行列とする.A, X が

$$AX = XA = E \tag{1.11}$$

を満たすとき,X を A の**逆行列**といい,A^{-1} と書く.A は逆行列をもつとき,**正則行列**と呼ばれる.

定理 1.4 A の逆行列は,存在すればただ一つである.

<u>証明</u>　A の逆行列が 2 つ (X と Y) あったとすると,
$$AX = XA = E, \quad AY = YA = E$$
が成り立つ.このとき,
$$X = XE = XAY = EY = Y$$
となり,2つあることに矛盾する.　□

例 1.7 $a_{11}a_{22}\cdots a_{nn} \neq 0$ のとき,

対角行列 $\begin{pmatrix} a_{11} & & & O \\ & a_{22} & & \\ & & \ddots & \\ O & & & a_{nn} \end{pmatrix}$ の逆行列は $\begin{pmatrix} \frac{1}{a_{11}} & & & O \\ & \frac{1}{a_{22}} & & \\ & & \ddots & \\ O & & & \frac{1}{a_{nn}} \end{pmatrix}$ である.

例題 1.3 行列 $A = \begin{pmatrix} a & b \\ c & d \end{pmatrix}$ が正則行列であるための条件を求め，正則のときその逆行列を求めよ．

【解答】 $X = \begin{pmatrix} x & y \\ z & w \end{pmatrix}$ とおく．$AX = \begin{pmatrix} ax+bz & ay+bw \\ cx+dz & cy+dw \end{pmatrix} = \begin{pmatrix} 1 & 0 \\ 0 & 1 \end{pmatrix}$ を満たすとき，

(i) $\begin{cases} ax+bz=1 \\ cx+dz=0 \end{cases}$, (ii) $\begin{cases} ay+bw=0 \\ cy+dw=1 \end{cases}$

となる．(i) より z を消去すると，$(ad-bc)x = d$ となり $(ad-bc) \neq 0$ のとき，$x = \dfrac{d}{ad-bc}$ を得る．また，$z = \dfrac{-c}{ad-bc}$ となる．同様にして (ii) より，$(ad-bc) \neq 0$ のとき，$y = \dfrac{-b}{ad-bc}$, $w = \dfrac{a}{ad-bc}$ を得る．すなわち $AX = E$ を満たす X は，$ad-bc \neq 0$ のときただ 1 つ存在し，

$$X = \frac{1}{ad-bc} \begin{pmatrix} d & -b \\ -c & a \end{pmatrix} \tag{1.12}$$

である．この X に対して $XA = E$ も確かめられる．結局，A が正則であるための必要十分条件は $ad-bc \neq 0$ であり，式 (1.12) の X が A の逆行列である． ◇

例 1.8 行列 $\begin{pmatrix} 10 & 5 \\ 4 & 2 \end{pmatrix}$, $\begin{pmatrix} 4 & -2 \\ -2 & 1 \end{pmatrix}$ は共に逆行列をもたない．

1 行または 1 列がすべて 0 の行列は逆行列をもたない．例えば，

$$A = \begin{pmatrix} 0 & -1 & 2 \\ 0 & 3 & 4 \\ 0 & -4 & 5 \end{pmatrix}, \quad B = \begin{pmatrix} 2 & -1 & 2 \\ -1 & 0 & 4 \\ 0 & 0 & 0 \end{pmatrix}$$

などである.

問 6. 上の行列 A は逆行列をもたないことを示せ.

問 7. (1) 行列 $A = \begin{pmatrix} 3 & 2 \\ 3 & 4 \end{pmatrix}$ の逆行列を求めよ.

(2) $B = \begin{pmatrix} a & 2 \\ 2 & a \end{pmatrix}$ が正則であるための必要十分条件を求めよ.

定理 1.5 A, B が正則行列のとき,つぎのことが成り立つ.

(1) AB も正則行列で,$(AB)^{-1} = B^{-1}A^{-1}$,

(2) A^{-1} も正則行列で,$(A^{-1})^{-1} = A$.

証明

(1) $(AB)B^{-1}A^{-1} = A(BB^{-1})A^{-1} = AEA^{-1} = AA^{-1} = E$ また,$B^{-1}A^{-1}(AB) = B^{-1}(A^{-1}A)B = B^{-1}EB = B^{-1}B = E$ となるので,$B^{-1}A^{-1}$ は AB の逆行列である.

(2) $AA^{-1} = A^{-1}A = E$ が成り立つので,A^{-1} の逆行列は A である. □

定義 1.6 成分がすべて実数の正方行列 A が

$$^tA\,A = A\,^tA = E \tag{1.13}$$

を満たすとき,A を**直交行列**という.

注意:A が直交行列のとき,上の定義から $A^{-1} = {}^tA$ であることがわかる.

例 1.9 直交行列の例：

$$\begin{pmatrix} 0 & 1 \\ 1 & 0 \end{pmatrix}, \quad \frac{1}{2}\begin{pmatrix} 1 & -\sqrt{3} \\ -\sqrt{3} & -1 \end{pmatrix}, \quad \frac{1}{\sqrt{6}}\begin{pmatrix} -\sqrt{2} & \sqrt{3} & -1 \\ -\sqrt{2} & 0 & 2 \\ \sqrt{2} & \sqrt{3} & 1 \end{pmatrix}$$

問 8. $T = \begin{pmatrix} \cos\theta & -\sin\theta \\ \sin\theta & \cos\theta \end{pmatrix}$ は直交行列であることを示せ.

さて，ここで再び**行列のべき**について触れておこう．A が正則行列のとき，A^{-1} は存在するのでこれらの r 個の積をつぎのように定義する：

$$A^{-r} = \underbrace{A^{-1} A^{-1} \cdots A^{-1}}_{r}. \tag{1.14}$$

また，$AA^{-1} = E$ なので，$A^0 = E$ と定義してもなにも矛盾を生じない．このとき，任意の整数 m, n に対して，次式が成り立つのは明らかである．

$$A^m A^n = A^{m+n}, \quad (A^m)^n = A^{mn}. \tag{1.15}$$

問 9. $m = 5, n = -3$ のとき，上の 2 つの等式が成り立つことを確かめよ．

例題 1.4 $A = \begin{pmatrix} a & 1 & 0 \\ 0 & a & 1 \\ 0 & 0 & a \end{pmatrix}$ $(a \neq 0)$ のとき，自然数 n に対して，

$$A^n = \begin{pmatrix} a^n & na^{n-1} & \frac{n(n-1)}{2}a^{n-2} \\ 0 & a^n & na^{n-1} \\ 0 & 0 & a^n \end{pmatrix}$$ となることを証明せよ．

| 証明 | 数学的帰納法で証明する．$n = 1$ のときは正しい．$n = k$ のとき，

$$A^k = \begin{pmatrix} a^k & ka^{k-1} & \frac{k(k-1)}{2}a^{k-2} \\ 0 & a^k & ka^{k-1} \\ 0 & 0 & a^k \end{pmatrix}$$ が成り立つと仮定すると，

$$A^{k+1} = A^k A = \begin{pmatrix} a^k & ka^{k-1} & \frac{k(k-1)}{2}a^{k-2} \\ 0 & a^k & ka^{k-1} \\ 0 & 0 & a^k \end{pmatrix} \begin{pmatrix} a & 1 & 0 \\ 0 & a & 1 \\ 0 & 0 & a \end{pmatrix}$$

$$= \begin{pmatrix} a^{k+1} & a^k + ka^k & ka^{k-1} + \frac{k(k-1)}{2}a^{k-1} \\ 0 & a^{k+1} & a^k + ka^k \\ 0 & 0 & a^k \end{pmatrix}$$

$$= \begin{pmatrix} a^{k+1} & (k+1)a^k & \frac{(k+1)k}{2}a^{k-1} \\ 0 & a^{k+1} & (k+1)a^k \\ 0 & 0 & a^{k+1} \end{pmatrix}$$

よって，$n = k+1$ のときも成り立つ． □

問 10. 上の例題の A について，A^{-1} を求めよ．また，負の整数 n に対しても A^n は同じ式になることを示せ．

問　題　1.2

問 1. $A = \begin{pmatrix} 2 & -1 \\ -3 & 2 \end{pmatrix}$, $B = \begin{pmatrix} 2 & 1 \\ 1 & -2 \end{pmatrix}$ のとき，つぎの行列を求めよ．

(1) AB (2) ${}^t\!A\,A$ (3) $A\,{}^t\!A$ (4) $(A-B)(A+B)$
(5) $A^2 - B^2$ (6) $AX = B$ を満たす行列 X
(7) B^n, (n は自然数) (8) $(AB)^{-2}$

問 2. つぎの行列が逆行列をもてば，それを求めよ．

(1) $\begin{pmatrix} 1 & -1 & 0 \\ 0 & 1 & 0 \\ 0 & 0 & 3 \end{pmatrix}$ (2) $\begin{pmatrix} 1 & 2 & -1 \\ 0 & 1 & 3 \\ 0 & 0 & 1 \end{pmatrix}$ (3) $\begin{pmatrix} 0 & 0 & 1 \\ 0 & 1 & 0 \\ 1 & 0 & 0 \end{pmatrix}$

問 3. つぎの行列が直交行列になるように定数 a, b, c を求めよ．

(1) $\begin{pmatrix} \frac{1}{\sqrt{2}} & -\frac{1}{\sqrt{2}} \\ a & b \end{pmatrix}$ (2) $\begin{pmatrix} \frac{1}{2} & a \\ b & -\frac{1}{2} \end{pmatrix}$ (3) $\begin{pmatrix} -\frac{2}{3} & -\frac{1}{\sqrt{2}} & a \\ \frac{1}{3} & 0 & b \\ \frac{2}{3} & -\frac{1}{\sqrt{2}} & c \end{pmatrix}$

問 4. n を自然数として，つぎの行列の n 乗を求めよ．ただし，$a \neq 0$, $b \neq 0$ とする．

(1) $\begin{pmatrix} 0 & 1 \\ -1 & 0 \end{pmatrix}$ (2) $\begin{pmatrix} a & 1 \\ 0 & a \end{pmatrix}$ (3) $\begin{pmatrix} a & b \\ 0 & 1 \end{pmatrix}$

問 5. A が n 次正方行列のとき，つぎの各問に答えよ．
(1) $A + {}^{t}A,\ A\,{}^{t}A,\ {}^{t}A A$ はすべて対称行列であることを示せ．
(2) A が正則な対称行列のとき，A^{-1} も対称行列になることを示せ．
(3) $A^2 - 4A - E = O$ を満たす A は正則行列であることを示し，A^{-1} を求めよ．
(4) $A^3 = O$ のとき，$E - A, E + A$ は共に正則行列であることを示せ．
(5) n 次正則行列 P に対して，r が自然数のとき $(P^{-1}AP)^r = P^{-1}A^r P$ となることを示せ．

1.3　1　次　変　換 *

本章の最後に，行列の写像としての性質に少し触れておこう．まず，実数全体の集合を $\boldsymbol{R}$ とし，実数を成分とする n 次元列ベクトル全体の集合を $\boldsymbol{R}^n$ と書く．すなわち

$$\boldsymbol{R}^n = \left\{ \begin{pmatrix} x_1 \\ x_2 \\ \vdots \\ x_n \end{pmatrix} \;\middle|\; x_1,\ x_2,\ \cdots,\ x_n \in \boldsymbol{R} \right\}. \tag{1.16}$$

$\boldsymbol{R}^n$ を構成する各 n 次元ベクトルを $\boldsymbol{R}^n$ の元という．また，$\boldsymbol{R}^n$ を $\boldsymbol{n}$ 次元ユークリッド空間という．具体的には，$\boldsymbol{R}^2$ は 2 次元ベクトル全体からなる空間であり，直交軸を 2 本もつ平面を表す．同様に，$\boldsymbol{R}^3$ は 3 次元ベクトル全体からなる空間で，直交軸を 3 本もつ 3 次元空間を表す．

$\boldsymbol{R}^n$ を特徴づける基本的なベクトルやベクトルの大きさなどを定義する．

定義 1.7

(1) つぎの n 個のベクトル $\boldsymbol{e}_1, \boldsymbol{e}_2, \cdots, \boldsymbol{e}_n$ を $\boldsymbol{R}^n$ の**基本ベクトル**という：

$$e_1 = \begin{pmatrix} 1 \\ 0 \\ 0 \\ \vdots \\ 0 \end{pmatrix}, \ e_2 = \begin{pmatrix} 0 \\ 1 \\ 0 \\ \vdots \\ 0 \end{pmatrix}, \ e_3 = \begin{pmatrix} 0 \\ 0 \\ 1 \\ \vdots \\ 0 \end{pmatrix}, \ \cdots, \ e_n = \begin{pmatrix} 0 \\ 0 \\ 0 \\ \vdots \\ 1 \end{pmatrix} \quad (1.17)$$

(2) $\boldsymbol{R}^n$ の2つのベクトル $\boldsymbol{x} = {}^t(x_1 \ x_2 \ \cdots \ x_n)$, $\boldsymbol{y} = {}^t(y_1 \ y_2 \ \cdots \ y_n)$ に対して，

$$(\boldsymbol{x}, \boldsymbol{y}) = x_1 y_1 + x_2 y_2 + \cdots + x_n y_n \quad (1.18)$$

を $\boldsymbol{x}$ と $\boldsymbol{y}$ の**内積**という．また，$(\boldsymbol{x}, \boldsymbol{y}) = {}^t\boldsymbol{x}\boldsymbol{y}$ と書くことができる．

(3) つぎの値をベクトル $\boldsymbol{x}$ の**大きさ**または**長さ**といい，$|\boldsymbol{x}|$ と書く：

$$|\boldsymbol{x}| = \sqrt{(\boldsymbol{x}, \boldsymbol{x})} = \sqrt{x_1^2 + x_2^2 + \cdots + x_n^2} \quad (1.19)$$

特に，長さ 1 のベクトルを**単位ベクトル**という．

注意：共に $\boldsymbol{o}$ でないベクトル $\boldsymbol{x}$ と $\boldsymbol{y}$ の内積が $(\boldsymbol{x}, \boldsymbol{y}) = 0$ のとき，$\boldsymbol{x}$ と $\boldsymbol{y}$ は**直交**する（または**垂直である**）という．このことは，$\boldsymbol{R}^2$, $\boldsymbol{R}^3$ においてはすでに高校で学んだことである．

一般に $\boldsymbol{R}^n$ の任意のベクトル $\boldsymbol{x} = {}^t(x_1 \ x_2 \ \cdots \ x_n)$ は基本ベクトルを用いて

$$\boldsymbol{x} = x_1 \boldsymbol{e}_1 + x_2 \boldsymbol{e}_2 + \cdots + x_n \boldsymbol{e}_n \quad (1.20)$$

と表される．

例 1.10 $\boldsymbol{R}^3$ の任意のベクトル $\boldsymbol{a} = {}^t(a_1 \ a_2 \ a_3)$ を基本ベクトルを用いて表すと

$$\boldsymbol{a} = a_1 \begin{pmatrix} 1 \\ 0 \\ 0 \end{pmatrix} + a_2 \begin{pmatrix} 0 \\ 1 \\ 0 \end{pmatrix} + a_3 \begin{pmatrix} 0 \\ 0 \\ 1 \end{pmatrix} = a_1 \boldsymbol{e}_1 + a_2 \boldsymbol{e}_2 + a_3 \boldsymbol{e}_3$$

となる.

例1.11 ベクトル $\boldsymbol{a} = {}^t(2 \ -2 \ 1)$ と平行な単位ベクトルを求めよう.
$|\boldsymbol{a}| = \sqrt{2^2 + (-2)^2 + 1} = 3$ だから, $\boldsymbol{a}$ と平行な長さ 1 のベクトルは

$$\frac{1}{3}\begin{pmatrix} 2 \\ -2 \\ 1 \end{pmatrix} \ \ \text{と} \ \ -\frac{1}{3}\begin{pmatrix} 2 \\ -2 \\ 1 \end{pmatrix}.$$

問 11. $\boldsymbol{R}^n$ の 2 つのベクトル $\boldsymbol{a} = {}^t(a_1 \ a_2 \ \cdots \ a_n)$ と $\boldsymbol{b} = {}^t(b_1 \ b_2 \ \cdots \ b_n)$ のなす角を θ とするとき, 等式

$$(\boldsymbol{a}, \boldsymbol{b}) = |\boldsymbol{a}||\boldsymbol{b}|\cos\theta \tag{1.21}$$

が成り立つことを示せ.

問 12. つぎの 2 つのベクトルのなす角 θ を求めよ.

(1) $\begin{pmatrix} 2 \\ -3 \end{pmatrix}, \begin{pmatrix} 6 \\ 4 \end{pmatrix}$ (2) $\begin{pmatrix} 1 \\ -2 \\ -2 \end{pmatrix}, \begin{pmatrix} 3 \\ -3 \\ 0 \end{pmatrix}$ (3) $\begin{pmatrix} 3 \\ 2 \\ 1 \end{pmatrix}, \begin{pmatrix} -2 \\ 1 \\ -3 \end{pmatrix}$

$\boldsymbol{R}^n$ の各元 $\boldsymbol{x}$ に対して, $\boldsymbol{R}^m$ の 1 つの元 $\boldsymbol{y}$ を対応させる規則(変換)f を, $\boldsymbol{R}^n$ から $\boldsymbol{R}^m$ への**写像**といい,

$$f : \boldsymbol{R}^n \to \boldsymbol{R}^m, \ \ f : \boldsymbol{x} \mapsto \boldsymbol{y} \ \ \text{または} \ \ \boldsymbol{y} = f(\boldsymbol{x}) \tag{1.22}$$

と表す. 微積分学においては 1 変数関数, 2 変数関数などが 1 つの研究対象となるのと同様に, 線形代数学においては写像の性質を調べることが 1 つの重要な研究対象になる. ここで, 写像の例をいくつかあげる.

例 1.12

(1) $f: \mathbf{R}^2 \to \mathbf{R}^2$ の例（直交変換）：

$$\begin{pmatrix} x_1 \\ x_2 \end{pmatrix} \mapsto \begin{pmatrix} \frac{1}{\sqrt{2}}x_1 - \frac{1}{\sqrt{2}}x_2 \\ \frac{1}{\sqrt{2}}x_1 + \frac{1}{\sqrt{2}}x_2 \end{pmatrix} \iff \begin{pmatrix} y_1 \\ y_2 \end{pmatrix} = \begin{pmatrix} \frac{1}{\sqrt{2}} & -\frac{1}{\sqrt{2}} \\ \frac{1}{\sqrt{2}} & \frac{1}{\sqrt{2}} \end{pmatrix} \begin{pmatrix} x_1 \\ x_2 \end{pmatrix}$$

上の行列は直交行列であり，この写像でベクトル ${}^t(1\ 1)$ は ${}^t(0\ \sqrt{2})$ へ，ベクトル ${}^t(-4\ 0)$ は ${}^t(-2\sqrt{2}\ -2\sqrt{2})$ へ移される．このとき，写像されたベクトルは $45°$ 回転していること，およびベクトルの長さは変化していないことに注意せよ．これは直交行列の 1 つの性質でもある．

(2) $f: \mathbf{R}^2 \to \mathbf{R}^3$ の例（線形）：

$$\begin{pmatrix} y_1 \\ y_2 \\ y_3 \end{pmatrix} = \begin{pmatrix} 1 & 1 \\ 2 & -1 \\ 0 & 1 \end{pmatrix} \begin{pmatrix} x_1 \\ x_2 \end{pmatrix} \iff \begin{cases} y_1 = x_1 + x_2 \\ y_2 = 2x_1 - x_2 \\ y_3 = x_2 \end{cases}$$

この写像では $2y_1 - y_2 - 3y_3 = 0$（$\mathbf{R}^3$ の中の 1 つの平面；章末の補足参照）となるので，平面（$\mathbf{R}^2$）上の任意の点 (x_1, x_2) は $\mathbf{R}^3$ の 1 つの平面上に移るということがわかる．また，

ベクトル $\begin{pmatrix} x_1 \\ ax_1 \end{pmatrix}$ は，$x_1 \begin{pmatrix} 1+a \\ 2-a \\ a \end{pmatrix}$ に移るので，

平面上の原点を通る直線 $x_2 = ax_1$ 上の任意の点は，空間内の 1 つのベクトル ${}^t(1+a\ 2-a\ a)$ の定数倍を含む直線上に移ることがわかる．

(3) $f: \mathbf{R}^2 \to \mathbf{R}^2$ の例（非線形）：

$$\begin{pmatrix} x_1 \\ x_2 \end{pmatrix} \mapsto \begin{pmatrix} x_1 - x_2^2 \\ \frac{1}{2}x_2 - 2x_1 x_2 \end{pmatrix} \iff \boldsymbol{y} = \begin{pmatrix} 1 & 0 \\ 0 & \frac{1}{2} \end{pmatrix} \begin{pmatrix} x_1 \\ x_2 \end{pmatrix} - \begin{pmatrix} x_2^2 \\ 2x_1 x_2 \end{pmatrix}$$
(1.23)

この写像は $\boldsymbol{x}$ の成分の 2 次式；x_2^2, $x_1 x_2$ を含むので**非線形写像**（一般に，2 次以上の式を含む写像をいう）である．非線形写像は，力学系と

いう分野の研究の中でよく現れる．与えられた1点（初期値）が写像 f によりどんな点に移るか，さらにその点が f でどこに移るか，$\cdots$(繰返し)．最終的に，この点列が $\boldsymbol{R}^2$ の中でどのような振舞いをするかというのが力学系で扱う問題の1つである．例えば，初期値を ${}^t(1\ 1)$ とすると，この写像の繰返しで点列：

$$\begin{pmatrix} 1 \\ 1 \end{pmatrix} \to \begin{pmatrix} 0 \\ -\frac{3}{2} \end{pmatrix} \to \begin{pmatrix} -\frac{9}{4} \\ -\frac{3}{4} \end{pmatrix} \to \begin{pmatrix} -\frac{45}{16} \\ -\frac{15}{4} \end{pmatrix} \to \cdots$$

が得られ，この点列は第3象限内で発散することがわかる．

定義 1.8 写像 $f: \boldsymbol{R}^n \to \boldsymbol{R}^m$ が，任意のベクトル $\boldsymbol{u}, \boldsymbol{v} \in \boldsymbol{R}^n$ と定数 c に対して

$$(1)\ \ f(\boldsymbol{u}+\boldsymbol{v}) = f(\boldsymbol{u}) + f(\boldsymbol{v}), \quad (2)\ \ f(c\boldsymbol{u}) = cf(\boldsymbol{u}). \quad (1.24)$$

を満たすとき，写像 f を $\boldsymbol{R}^n$ から $\boldsymbol{R}^m$ への**線形写像**という．特に，$\boldsymbol{R}^n$ から $\boldsymbol{R}^n$ への線形写像を **1次変換**または**線形変換**という．

$m \times n$ 行列 A による変換

$$\boldsymbol{y} = A\boldsymbol{x} \tag{1.25}$$

は，$A(\boldsymbol{u}+\boldsymbol{v}) = A\boldsymbol{u} + A\boldsymbol{v}$，$A(c\boldsymbol{u}) = cA\boldsymbol{u}$ であり，式 (1.24) を満たすので $\boldsymbol{R}^n$ から $\boldsymbol{R}^m$ への1つの線形写像である．逆に，f が線形写像ならば，それは行列を用いた式 (1.25) のように表されることを示す．簡単のために $f: \boldsymbol{R}^2 \to \boldsymbol{R}^3$ に対して証明する．$\boldsymbol{R}^2$ の基本ベクトルを $\boldsymbol{e}_1, \boldsymbol{e}_2$ とすると

$$f(\boldsymbol{e}_1) = \begin{pmatrix} a_{11} \\ a_{21} \\ a_{31} \end{pmatrix}, \quad f(\boldsymbol{e}_2) = \begin{pmatrix} a_{12} \\ a_{22} \\ a_{32} \end{pmatrix}$$

と書ける．$\boldsymbol{x} = {}^t(x_1\ x_2) = x_1 \boldsymbol{e}_1 + x_2 \boldsymbol{e}_2$ であるから，

22   1. 行列とベクトル

$$y = f(x) = f(x_1 e_1 + x_2 e_2) = x_1 f(e_1) + x_2 f(e_2).$$

これを行列で表せば

$$\begin{pmatrix} y_1 \\ y_2 \\ y_3 \end{pmatrix} = x_1 \begin{pmatrix} a_{11} \\ a_{21} \\ a_{31} \end{pmatrix} + x_2 \begin{pmatrix} a_{12} \\ a_{22} \\ a_{32} \end{pmatrix} = \begin{pmatrix} a_{11}x_1 + a_{12}x_2 \\ a_{21}x_1 + a_{22}x_2 \\ a_{31}x_1 + a_{32}x_2 \end{pmatrix} = \begin{pmatrix} a_{11} & a_{12} \\ a_{21} & a_{22} \\ a_{31} & a_{32} \end{pmatrix} \begin{pmatrix} x_1 \\ x_2 \end{pmatrix}.$$

上の最後の 3×2 行列を A とおけば $y = Ax$ を得る.

注意：1次変換 $y = Ex$ を恒等変換という．すなわち，つねに $f(x) = x$ である．

問 13. A が直交行列のときの直交変換 $y = Ax$ では，$|y| = |x|$ となることを示せ．

問 14. (1) 点 $(1,1)$ を点 $(2,-3)$ に，点 $(-2,1)$ を点 $(3,-4)$ に移す1次変換を求めよ．

(2) 写像 $f : \begin{pmatrix} x \\ y \end{pmatrix} \mapsto \begin{pmatrix} x + ax^2 - 2y \\ 3x + y + b - 2 \end{pmatrix}$ が線形写像になるように定数 a, b を定めよ．

ここで，R^2 の1次変換がもつ性質のいくつかを，つぎの例で考えよう．

例題 1.5 行列 $A = \begin{pmatrix} 1 & 2 \\ 2 & -2 \end{pmatrix}$ による1次変換で，

(1) 直線 $y = ax + b$ 上の点はどんな図形上の点に移るか．

(2) 原点 O と，3点 A$(1,0)$, B$(1,1)$, C$(0,1)$ を頂点とする4角形 OABC はどんな図形に移るか．

(3) 円 $x^2 + y^2 = 1$ 上の点はどんな図形上の点に移るか．

(4) 直線 $y = mx$ 上の任意の点が，同じ直線上に移るということがあるか，あればその直線（または m の値）を求めよ．

【解答】

(1) $\begin{pmatrix} 1 & 2 \\ 2 & -2 \end{pmatrix} \begin{pmatrix} x \\ y \end{pmatrix} = \begin{pmatrix} X \\ Y \end{pmatrix}$ に左から逆行列を掛けて

$$\begin{pmatrix} x \\ y \end{pmatrix} = \frac{1}{6}\begin{pmatrix} 2 & 2 \\ 2 & -1 \end{pmatrix}\begin{pmatrix} X \\ Y \end{pmatrix} = \begin{pmatrix} \frac{X+Y}{3} \\ \frac{X}{3} - \frac{Y}{6} \end{pmatrix}. \quad \cdots \quad (*)$$

x, y が $y = ax + b$ を満たすとき,$\dfrac{X}{3} - \dfrac{Y}{6} = \dfrac{a}{3}(X+Y) + b$ より

$2(a-1)X + (2a+1)Y + 6b = 0 \cdots$ ① を得る.すなわち,直線 $y = ax + b$ 上の点は直線①上に移る.

(2) 4 点 O,A,B,C は行列 A により,それぞれ O, A$'$(1,2), B$'$(3,0), C$'$(2,−2) に移るので,また (1) より直線は直線に移ることがわかっているので,正方形 OABC は平行四辺形 OA$'$B$'$C$'$ に移る.(図 **1.1**(a) 参照).

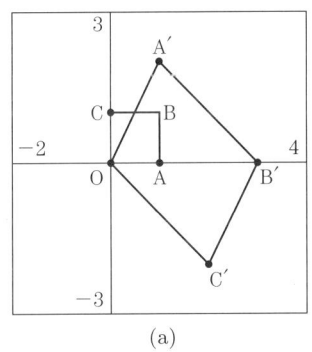 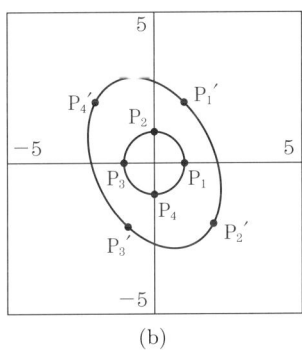

(a) (b)

図 **1.1** $\boldsymbol{R}^2$ から $\boldsymbol{R}^2$ へ 1 次変換

(3) x, y が $x^2 + y^2 = 1$ を満たすとき,$(*)$ より,

$$\left(\frac{X+Y}{3}\right)^2 + \left(\frac{X}{3} - \frac{Y}{6}\right)^2 = 1$$

となり $8X^2 + 4XY + 5Y^2 = 36$ を得る.この方程式は楕円を表す(図 1.1(b) 参照).

(4) (1) より,$a = m, b = 0$ とおくと①より $Y = -\dfrac{2(m-1)}{2m+1}X$ を得る.すなわち $m = -\dfrac{2(m-1)}{2m+1}$ を満たす m が存在すれば,その直線上の点は同じ直線上に移るということがいえる.$2m^2 + 3m - 2 = 0$ より,$m = -2, \dfrac{1}{2}$ が答である. ♢

注意:正則行列 A による 1 次変換では,上の例で見たような "直線は直線に移る","円は円または楕円に移る","四角形は四角形に移る" という性質はつねに成り立つ.

例題 1.6 平面上の任意の点 (x_0, y_0) に，行列 $A = \begin{pmatrix} \frac{1}{2} & 1 \\ 0 & \frac{2}{3} \end{pmatrix}$ による 1 次変換を繰り返し，1 つの点列をつくるとき，その点列はどのような振る舞いをするか答えよ．

【解答】 点列を (x_n, y_n) とおくと，$\begin{pmatrix} x_{n+1} \\ y_{n+1} \end{pmatrix} = \begin{pmatrix} \frac{1}{2} & 1 \\ 0 & \frac{2}{3} \end{pmatrix} \begin{pmatrix} x_n \\ y_n \end{pmatrix}$.

$y_{n+1} = \frac{2}{3} y_n$ より $y_n = \left(\frac{2}{3}\right)^n y_0$ を得る．$x_n = \frac{1}{2} x_{n-1} + \left(\frac{2}{3}\right)^{n-1} y_0$ だから，

$$x_n = \left(\frac{1}{2}\right)^n x_0 + \left\{ \left(\frac{3}{4}\right)^{n-1} + \cdots + \frac{3}{4} + 1 \right\} \left(\frac{2}{3}\right)^{n-1} y_0$$

$$= \left(\frac{1}{2}\right)^n x_0 + \left\{ 4 \left(\frac{2}{3}\right)^{n-1} - 3 \left(\frac{1}{2}\right)^{n-1} \right\} y_0$$

となる．この一般解より，任意の初期値 (x_0, y_0) に対して，$n \to \infty$ のとき，$x_n \to 0, y_n \to 0$ となることがわかる． ◇

問 題 1.3

問 1. つぎの各問に答えよ．
 (1) 点 (x, y, z) を点 (y, z, x) に移す $\boldsymbol{R}^3$ の 1 次変換を求めよ．
 (2) $\boldsymbol{R}^2$ で，つぎの直線に関する対称移動を表す 1 次変換を求めよ．
   (a) $y = x$ (b) $y = -x$
 (3) A が対称行列のとき，内積について $(\boldsymbol{x}, A\boldsymbol{y}) = (A\boldsymbol{x}, \boldsymbol{y})$ であることを示せ．

問 2. $T = \begin{pmatrix} \frac{1}{2} & -\frac{\sqrt{3}}{2} \\ \frac{\sqrt{3}}{2} & \frac{1}{2} \end{pmatrix}$ による 1 次変換 $\boldsymbol{y} = T\boldsymbol{x}$ に対してつぎの問に答えよ．
 (1) O は原点，A(1,0), B(1,1), C(0,1) のとき，四角形 OABC はどんな四角形に移されるか．
 (2) 円 $x^2 + y^2 = 1$ はどんな図形に移されるか．

問 3. $A = \begin{pmatrix} 2 & -1 \\ -4 & 2 \end{pmatrix}$ による 1 次変換 $\boldsymbol{y} = A\boldsymbol{x}$ に対してつぎの問に答えよ．
 (1) 平面上の任意の点 $\boldsymbol{x}$ は，ある直線上に移ることを示せ．

(2) 集合 $V = \{ \boldsymbol{x} \mid A\boldsymbol{x} = \boldsymbol{o} \}$ はなにか.

問 4. $A = \begin{pmatrix} 1 & -1 & 2 \\ 3 & 1 & 0 \end{pmatrix}$ による線形写像 $\boldsymbol{y} = A\boldsymbol{x}$ に対してつぎの問に答えよ.

(1) $\boldsymbol{R}^3$ における直線 $x = y = z$ は, $\boldsymbol{R}^2$ のどんな図形に移るか.

(2) $\boldsymbol{R}^3$ における平面 $z = x + y$ は, $\boldsymbol{R}^2$ のどんな図形に移るか.

(3) $A\boldsymbol{x} = \begin{pmatrix} 1 \\ 1 \end{pmatrix}$ となる $\boldsymbol{x}$ をすべて求めよ.

問 5. 2 つの線形写像が $f : \begin{cases} y_1 = x_1 - 2x_2 \\ y_2 = 3x_1 + x_2 \end{cases}$, $g : \begin{cases} z_1 = 3y_1 + 2y_2 \\ z_2 = -y_1 - 4y_2 \\ z_3 = y_1 + 3y_2 \end{cases}$

のとき, 点 (x_1, x_2) を点 (z_1, z_2, z_3) に移す線形写像を行列を用いて表せ.

問 6. $\begin{pmatrix} x_{n+1} \\ y_{n+1} \end{pmatrix} = \begin{pmatrix} 2 & -1 \\ 0 & \frac{1}{2} \end{pmatrix} \begin{pmatrix} x_n \\ y_n \end{pmatrix}$, $(n = 0, 1, 2, \cdots)$ を満たす x_n, y_n を (x_0, y_0) と n を用いて表せ.

補足:

(i) $\boldsymbol{R}^3$ において, 点 P(p_1, p_2, p_3) を通りベクトル $\boldsymbol{a} = {}^t(l \ m \ n)$ (方向ベクトルと呼ぶ) と平行な直線の方程式は

$$\frac{x - p_1}{l} = \frac{y - p_2}{m} = \frac{z - p_3}{n} = t, \quad \text{または}$$

$$x = p_1 + lt, \ y = p_2 + mt, \ z = p_3 + nt \tag{1.26}$$

と表される. t はパラメーター (実数) である. 直線上の任意のベクトル ${}^t(x - p_1 \ y - p_2 \ z - p_3)$ が 1 つのベクトル $\boldsymbol{a}$ に比例しているということを示す式である.

(ii) $\boldsymbol{R}^3$ において, 点 (x_0, y_0, z_0) を通りベクトル $\boldsymbol{n} = {}^t(a \ b \ c)$ (法線ベクトルと呼ぶ) と垂直な平面の方程式は

$$a(x - x_0) + b(y - y_0) + c(z - z_0) = 0 \tag{1.27}$$

である. これも, 平面上の任意のベクトル ${}^t(x - x_0 \ y - y_0 \ z - z_0)$ とベクトル $\boldsymbol{n}$ が直交しているということを表している式である. このことから一般に, x, y, z の 1 次式 $ax + by + cz = d$ は $\boldsymbol{R}^3$ の中の平面を表すということがわかる.

2 行列式

2.1 行列式の定義

自然数 $1, 2, \cdots, n$ を任意の順序で並べたものを $\{1, 2, \cdots, n\}$ の**順列**といい，$(p_1\ p_2\ \cdots\ p_n)$ で表す．このような順列は全部で $n!$ 個あるのは周知の事実である．

例 2.1 $\{1, 2\}$ の順列は $(1\ 2), (2\ 1)$ の 2 つである．また，$\{1, 2, 3\}$ の順列は $(1\ 2\ 3), (1\ 3\ 2), (2\ 1\ 3), (2\ 3\ 1), (3\ 1\ 2), (3\ 2\ 1)$ の 6 個である．

定義 2.1 順列 $(p_1\ p_2\ \cdots\ p_n)$ に対して，
p_1 より後にあって，p_1 より小さい数の個数を k_1,
p_2 より後にあって，p_2 より小さい数の個数を k_2,
以下同様にして $k_3, k_4, \cdots, k_{n-1}$ を定める（$k_n = 0$ である）．
$$k_1 + k_2 + \cdots + k_{n-1}$$
を順列 $(p_1\ p_2\ \cdots\ p_n)$ の**転倒数**と呼ぶ．

例 2.2 $n = 3$ のとき，$(1\ 3\ 2)$ の転倒数は 1, $(2\ 3\ 1)$ の転倒数は 2.
$n = 4$ のとき，$(2\ 3\ 4\ 1)$ の転倒数は 3, $(4\ 3\ 2\ 1)$ の転倒数は 6 である．

2.1 行列式の定義

定義 2.2 順列 $(p_1\ p_2\ \cdots\ p_n)$ は転倒数が偶数のとき，**偶順列**と呼ばれ，転倒数が奇数のとき，**奇順列**と呼ばれる．また，順列 $(p_1\ p_2\ \cdots\ p_n)$ の符号を

$$\varepsilon(p_1\ p_2\ \cdots\ p_n) = \begin{cases} 1 & ((p_1\ p_2\ \cdots\ p_n) \text{が偶順列のとき}) \\ -1 & ((p_1\ p_2\ \cdots\ p_n) \text{が奇順列のとき}) \end{cases}$$

と定義する．

例 2.3 $\{1, 2, 3\}$ の順列のすべてについて，その転倒数と符号を**表 2.1** にまとめる．0 は偶数であることに注意せよ．

表 2.1 順列の転倒数と符号

順列	転倒数	符号
(1 2 3)	0	1
(1 3 2)	1	-1
(2 1 3)	1	-1
(2 3 1)	2	1
(3 1 2)	2	1
(3 2 1)	3	-1

問 1. つぎの順列の符号を求めよ．
(1) $(3\ 2\ 4\ 1)$ (2) $(5\ 4\ 3\ 2\ 1)$ (3) $(3\ 6\ 2\ 1\ 4\ 5)$

定理 2.1 順列 $(p_1\ p_2\ \cdots\ p_n)$ についてつぎのことが成り立つ．

(1) 順列の隣どうしの数を入れ換えると，順列の符号は変わる：

$$\varepsilon(p_1\ \cdots\ p_i\ p_{i+1}\ \cdots\ p_n) = -\varepsilon(p_1\ \cdots\ p_{i+1}\ p_i\ \cdots\ p_n).$$

(2) 順列の任意の 2 数を入れ換えると，順列の符号は変わる：

$$\varepsilon(p_1\ \cdots\ p_i\ \cdots\ p_j\ \cdots\ p_n) = -\varepsilon(p_1\ \cdots\ p_j\ \cdots\ p_i\ \cdots\ p_n).$$

(3) 偶順列と奇順列は共に $\dfrac{n!}{2}$ 個あり同数である.

証明

(1) $p_i < p_{i+1}$ のとき,p_i と p_{i+1} を入れ換えると,p_{i+1} より後にあって p_{i+1} より小さい数の個数は 1 つ増え,p_i より後にあって p_i より小さい数の個数は変わらない.

$p_i > p_{i+1}$ のとき,p_i と p_{i+1} を入れ換えると,p_{i+1} より後にあって p_{i+1} より小さい数の個数は変わらないが,p_i より後にあって p_i より小さい数の個数は 1 つ減る.よって転倒数は 1 つだけ変化するので,順列の符号は変わる.

(2) 順列 $(p_1 \cdots p_i \cdots p_j \cdots p_n)$ に対して,p_i と p_j の入れ換えは,$\{2(j-i)-1\}$ 回の隣どうしの数の交換によって得られる.奇数回なので順列の符号は異なる.

(3) 偶順列が k_1 個,奇順列が k_2 個 $(k_1 \neq k_2)$ あったとする.各順列の 2 つの数を入れ換えて,すべての順列をつくることができるので,このとき奇順列が k_1 個,偶順列が k_2 個できることになり,矛盾である. □

n 次正方行列 A に対して,A の行列式(determinant)というものを定義する.A の行列式は $|A|$ と表され,計算すると 1 つの数値(スカラー)である.

定義 2.3 A の行列式を

$$\begin{vmatrix} a_{11} & a_{12} & \cdots & a_{1n} \\ a_{21} & a_{22} & \cdots & a_{2n} \\ \vdots & \vdots & \ddots & \vdots \\ a_{n1} & a_{n2} & \cdots & a_{nn} \end{vmatrix} = \sum_{n!個} \varepsilon(p_1\ p_2\ \cdots\ p_n) a_{1p_1} a_{2p_2} \cdots a_{np_n} \quad (2.1)$$

で定義する.$\sum$ は $\{1, 2, \cdots, n\}$ でできるすべての順列に関する和である.

例 2.4 $n = 2$ のとき,

$$\begin{vmatrix} a_{11} & a_{12} \\ a_{21} & a_{22} \end{vmatrix} = \varepsilon(1\ 2) a_{11} a_{22} + \varepsilon(2\ 1) a_{12} a_{21} = a_{11} a_{22} - a_{12} a_{21}.$$

もし, $A = \begin{pmatrix} a & b \\ c & d \end{pmatrix}$ ならば, $|A| = \begin{vmatrix} a & b \\ c & d \end{vmatrix} = ad - bc$ である. 条件式 $|A| \neq 0$ は A が正則であるための必要十分条件であることに注意せよ.

例 2.5 $n = 3$ のとき,

$$\begin{vmatrix} a_{11} & a_{12} & a_{13} \\ a_{21} & a_{22} & a_{23} \\ a_{31} & a_{32} & a_{33} \end{vmatrix}$$
$= \varepsilon(1\ 2\ 3)a_{11}a_{22}a_{33} + \varepsilon(1\ 3\ 2)a_{11}a_{23}a_{32} + \varepsilon(2\ 1\ 3)a_{12}a_{21}a_{33}$
$\quad + \varepsilon(2\ 3\ 1)a_{12}a_{23}a_{31} + \varepsilon(3\ 1\ 2)a_{13}a_{21}a_{32} + \varepsilon(3\ 2\ 1)a_{13}a_{22}a_{31}$
$= a_{11}a_{22}a_{33} + a_{12}a_{23}a_{31} + a_{13}a_{21}a_{32}$
$\quad - (a_{11}a_{23}a_{32} + a_{12}a_{21}a_{33} + a_{13}a_{22}a_{31})$

3×3 の行列式は, 各行各列から 1 個ずつ 3 つの数を取り出し (これは全部で 6 つの場合がある) それらの積をつくり, 3 つを足し, 3 つを引いたものである. 計算法はつぎの図で覚えると簡単である (**サラスの方法**).

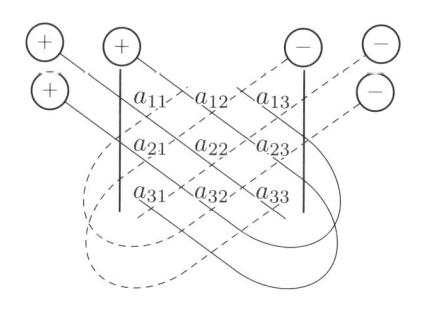

例 2.6 $\begin{vmatrix} 5 & -2 \\ 3 & 2 \end{vmatrix} = 10 + 6 = 16,$ $\begin{vmatrix} -\cos\theta & \sin\theta \\ \sin\theta & \cos\theta \end{vmatrix} = -\cos^2\theta - \sin^2\theta = -1.$

$$\begin{vmatrix} 2 & 1 & 0 \\ -1 & 1 & 1 \\ 2 & 4 & -3 \end{vmatrix} = -6+2-(3+8) = -15, \quad \begin{vmatrix} a & 1 & 2 \\ 0 & b & -3 \\ 0 & 0 & c \end{vmatrix} = abc.$$

問 2. 4 次または 5 次の行列式におけるつぎの項の符号を求めよ.

(1) $a_{13}a_{22}a_{34}a_{41}$ (2) $a_{11}a_{22}a_{34}a_{43}$ (3) $a_{12}a_{25}a_{34}a_{43}a_{51}$

4 次以上の行列式には,サラスの方法のような便利な計算法はない.というのは,4 次の行列式は項の数が 24 個あり,5 次の場合は 120 個にもなるからである.今後,行列式のもつ性質を調べ,それらの性質を利用することで 4 次以上の行列式の計算法を考える.

定理 2.2 つぎの式が成り立つ.

(1) $$\begin{vmatrix} a_{11} & 0 & \cdots & 0 \\ a_{21} & a_{22} & \cdots & a_{2n} \\ \vdots & \vdots & \ddots & \vdots \\ a_{n1} & a_{n2} & \cdots & a_{nn} \end{vmatrix} = a_{11} \begin{vmatrix} a_{22} & a_{23} & \cdots & a_{2n} \\ a_{32} & a_{33} & \cdots & a_{3n} \\ \vdots & \vdots & \ddots & \vdots \\ a_{n2} & a_{n3} & \cdots & a_{nn} \end{vmatrix}.$$

(2) $$\begin{vmatrix} a_{11} & 0 & 0 & \cdots & 0 \\ a_{21} & a_{22} & 0 & \cdots & 0 \\ \vdots & \vdots & \ddots & \ddots & \vdots \\ a_{n-1\,1} & a_{n-1\,2} & \cdots & a_{n-1\,n-1} & 0 \\ a_{n1} & a_{n2} & a_{n3} & \cdots & a_{nn} \end{vmatrix} = a_{11}a_{22}\cdots a_{nn}.$$

((2) の左辺は対角成分より上の数がすべて 0 の **下三角行列** の行列式)

証明

(1) $a_{1j} = 0 \ (j > 1)$ だから,

$$\text{左辺} = \sum \varepsilon(1\ p_2\ p_3 \cdots p_n) a_{11} a_{2p_2} a_{3p_3} \cdots a_{np_n}$$

$$= a_{11} \sum \varepsilon(p_2\ p_3\ \cdots p_n) a_{2p_2} a_{3p_3} \cdots a_{np_n} = 右辺.$$

(2) (1) を繰り返し用いると，

$$左辺 = a_{11} a_{22} \cdots a_{n-2\,n-2} \begin{vmatrix} a_{n-1\,n-1} & 0 \\ a_{n\,n-1} & a_{nn} \end{vmatrix}$$
$$= a_{11} a_{22} \cdots a_{n-1\,n-1} a_{nn}. \qquad \square$$

問　題　2.1

問 1. つぎの行列式の値を求めよ．

(1) $\begin{vmatrix} -3 & -6 \\ 3 & -7 \end{vmatrix}$
(2) $\begin{vmatrix} \cos\alpha & -\sin\alpha \\ \sin\alpha & \cos\alpha \end{vmatrix}$
(3) $\begin{vmatrix} -1 & 3 & 4 \\ -2 & 1 & 2 \\ -4 & 4 & -3 \end{vmatrix}$

(4) $\begin{vmatrix} 2 & 0 & 0 \\ 3 & 1 & 0 \\ -5 & 4 & 6 \end{vmatrix}$
(5) $\begin{vmatrix} x & y & z \\ z & x & y \\ y & z & x \end{vmatrix}$
(6) $\begin{vmatrix} 2 & 0 & 0 & 0 \\ 3 & -1 & 2 & -1 \\ 1 & 2 & 3 & 4 \\ -3 & 0 & -2 & -2 \end{vmatrix}$

問 2. つぎの等式を満たす x を求めよ．

(1) $\begin{vmatrix} 2-x & 4 \\ 6 & 4-x \end{vmatrix} = 0$
(2) $\begin{vmatrix} x & 2 & 2 \\ 2 & x & 2 \\ 2 & 2 & x \end{vmatrix} = 0$

(3) $\begin{vmatrix} 1 & x & x^2 \\ 1 & 1 & 1 \\ 1 & 3 & 9 \end{vmatrix} = 0$

2.2　余因子展開

この節では行列式の基本的な性質を調べ，それが行列式の計算にどのように役立てられるか考える．

定理 2.3 行列 A の行列式とその転置行列 ${}^tA$ の行列式は等しい：

$$\begin{vmatrix} a_{11} & a_{12} & \cdots & a_{1n} \\ a_{21} & a_{22} & \cdots & a_{2n} \\ \vdots & \vdots & \ddots & \vdots \\ a_{n1} & a_{n2} & \cdots & a_{nn} \end{vmatrix} = \begin{vmatrix} a_{11} & a_{21} & \cdots & a_{n1} \\ a_{12} & a_{22} & \cdots & a_{n2} \\ \vdots & \vdots & \ddots & \vdots \\ a_{1n} & a_{2n} & \cdots & a_{nn} \end{vmatrix}.$$

証明 左辺を $|A|$，右辺を $|{}^tA|$ とする．

$$|A| = \sum \varepsilon(p_1\ p_2\ \cdots\ p_n) a_{1p_1} a_{2p_2} \cdots a_{np_n} \quad \cdots \text{①}$$

であるから，$a_{1p_1} a_{2p_2} \cdots a_{np_n}$ を入れ換えて

$$|A| = \sum \varepsilon(p_1\ p_2\ \cdots\ p_n) a_{q_1 1} a_{q_2 2} \cdots a_{q_n n}. \quad \cdots \text{②}$$

このとき，$a_{1p_1} a_{2p_2} \cdots a_{np_n}$ の右側の添字の順列 $(p_1\ p_2\ \cdots\ p_n)$ は $(1\ 2\ \cdots\ n)$ となり，これに伴って左側の添字の順列 $(1\ 2\ \cdots\ n)$ は $(q_1\ q_2\ \cdots\ q_n)$ となる．例えば，3 次の行列式における 1 つの項 $\varepsilon(3\ 1\ 2) a_{13} a_{21} a_{32}$ は $\varepsilon(2\ 3\ 1) a_{21} a_{32} a_{13}$ に変わる．このとき，$\varepsilon(3\ 1\ 2) = \varepsilon(2\ 3\ 1)$ となる．$(3\ 1\ 2)$ と $(2\ 3\ 1)$ の符合が等しくなるのは，同じ回数の隣どうしの数の交換で順列 $(1\ 2\ 3)$ に変換できるからである．n 次のときも同様に

$$\varepsilon(p_1\ p_2\ \cdots\ p_n) = \varepsilon(q_1\ q_2\ \cdots\ q_n)$$

が成り立ち，①，② より

$$|A| = \sum \varepsilon(q_1\ q_2\ \cdots\ q_n) a_{q_1 1} a_{q_2 2} \cdots a_{q_n n} = |{}^tA|$$

となる． □

注意：この定理により，行列式の行について成り立つ性質は列についても成り立つことがわかる．

例 2.7
$$\begin{vmatrix} a_{11} & a_{12} & \cdots & a_{1n} \\ 0 & a_{22} & \cdots & a_{2n} \\ \vdots & \vdots & \ddots & \vdots \\ 0 & a_{n2} & \cdots & a_{nn} \end{vmatrix} = a_{11} \begin{vmatrix} a_{22} & a_{23} & \cdots & a_{2n} \\ a_{32} & a_{33} & \cdots & a_{3n} \\ \vdots & \vdots & \ddots & \vdots \\ a_{n2} & a_{n3} & \cdots & a_{nn} \end{vmatrix}.$$

$$\begin{vmatrix} a_{11} & a_{12} & \cdots & a_{1n} \\ 0 & a_{22} & \cdots & a_{2n} \\ \vdots & \vdots & \ddots & \vdots \\ 0 & 0 & \cdots & a_{nn} \end{vmatrix} = a_{11}a_{22}\cdots a_{nn}.$$

(左辺は対角成分より下の数が全て 0 の**上三角行列**の行列式)

ここで行列式の基本性質についてまとめよう．

定理 2.4 行列式について，つぎのことが成り立つ．

(1) 1 つの行に共通因子があれば，それを行列式の前に出してよい：

$$\begin{vmatrix} a_{11} & a_{12} & \cdots & a_{1n} \\ & \cdots & & \\ ca_{i1} & ca_{i2} & \cdots & ca_{in} \\ & \cdots & & \\ a_{n1} & a_{n2} & \cdots & a_{nn} \end{vmatrix} = c \begin{vmatrix} a_{11} & a_{12} & \cdots & a_{1n} \\ & \cdots & & \\ a_{i1} & a_{i2} & \cdots & a_{in} \\ & \cdots & & \\ a_{n1} & a_{n2} & \cdots & a_{nn} \end{vmatrix}$$

(2) ある行が 2 つの数の和になっているとき，行列式は 2 つの行列式の和になる：

$$\begin{vmatrix} a_{11} & a_{12} & \cdots & a_{1n} \\ & \cdots & & \\ a_{i1}+a'_{i1} & a_{i2}+a'_{i2} & \cdots & a_{in}+a'_{in} \\ & \cdots & & \\ a_{n1} & a_{n2} & \cdots & a_{nn} \end{vmatrix}$$

$$= \begin{vmatrix} a_{11} & a_{12} & \cdots & a_{1n} \\ & \cdots & & \\ a_{i1} & a_{i2} & \cdots & a_{in} \\ & \cdots & & \\ a_{n1} & a_{n2} & \cdots & a_{nn} \end{vmatrix} + \begin{vmatrix} a_{11} & a_{12} & \cdots & a_{1n} \\ & \cdots & & \\ a'_{i1} & a'_{i2} & \cdots & a'_{in} \\ & \cdots & & \\ a_{n1} & a_{n2} & \cdots & a_{nn} \end{vmatrix}.$$

(3) 行列式の 2 つの行を入れ換えれば，行列式の符号が変わる：

$$\begin{vmatrix} a_{11} & a_{12} & \cdots & a_{1n} \\ & \cdots & & \\ a_{i1} & a_{i2} & \cdots & a_{in} \\ & \cdots & & \\ a_{j1} & a_{j2} & \cdots & a_{jn} \\ & \cdots & & \end{vmatrix} = - \begin{vmatrix} a_{11} & a_{12} & \cdots & a_{1n} \\ & \cdots & & \\ a_{j1} & a_{j2} & \cdots & a_{jn} \\ & \cdots & & \\ a_{i1} & a_{i2} & \cdots & a_{in} \\ & \cdots & & \end{vmatrix}.$$

(4) 行列式の 2 つの行が一致すれば，行列式の値は 0 である．

(5) 行列式の 2 つの行が比例していれば，行列式の値は 0 である．

(6) 行列式の 1 つの行に，他の行の定数倍を加えても行列式の値は変わらない：

$$\begin{vmatrix} a_{11} & a_{12} & \cdots & a_{1n} \\ & \cdots & & \\ a_{i1}+ca_{j1} & a_{i2}+ca_{j2} & \cdots & a_{in}+ca_{jn} \\ & \cdots & & \\ a_{j1} & a_{j2} & \cdots & a_{jn} \\ & \cdots & & \end{vmatrix} = \begin{vmatrix} a_{11} & a_{12} & \cdots & a_{1n} \\ & \cdots & & \\ a_{i1} & a_{i2} & \cdots & a_{in} \\ & \cdots & & \\ a_{j1} & a_{j2} & \cdots & a_{jn} \\ & \cdots & & \end{vmatrix}.$$

(7) n 次正方行列 A, B に対して，$|AB| = |A||B|$.

証明

(1) 左辺 $= \sum \varepsilon(p_1\ p_2\ \cdots\ p_n) a_{1p_1} a_{2p_2} \cdots (ca_{ip_i}) \cdots a_{np_n}$
$= c \sum \varepsilon(p_1\ p_2\ \cdots\ p_n) a_{1p_1} a_{2p_2} \cdots a_{ip_i} \cdots a_{np_n} =$ 右辺

(2) 左辺 $= \sum \varepsilon(p_1\ p_2\ \cdots\ p_n)a_{1p_1}a_{2p_2}\cdots(a_{ip_i}+a'_{ip_i})\cdots a_{np_n}$
$= \sum \varepsilon(p_1\ p_2\ \cdots\ p_n)a_{1p_1}a_{2p_2}\cdots a_{ip_i}\cdots a_{np_n}$
$+ \sum \varepsilon(p_1\ p_2\ \cdots\ p_n)a_{1p_1}a_{2p_2}\cdots a'_{ip_i}\cdots a_{np_n}=$ 右辺

(3) 左辺 $= \sum \varepsilon(p_1\ \cdots\ p_i\ \cdots\ p_j\ \cdots\ p_n)a_{1p_1}\cdots a_{ip_i}\cdots a_{jp_j}\cdots a_{np_n}$
$= (*)$

i 行と j 行を入れ換えると,順列の符号は変わる(定理 2.1 (2) より):
$$\varepsilon(p_1\ \cdots\ p_i\ \cdots\ p_j\ \cdots\ p_n) = -\varepsilon(p_1\ \cdots\ p_j\ \cdots\ p_i\ \cdots\ p_n)$$
よって
$(*) = -\sum \varepsilon(p_1\ \cdots\ p_j\ \cdots\ p_i\ \cdots\ p_n)a_{1p_1}\cdots a_{jp_j}\cdots a_{ip_i}\cdots a_{np_n}$
$=$ 右辺

(4) 行列式 $|A|$ の i 行と j 行が等しいとする.この 2 行を入れ換えると,行列式は符号が変わるので $|A| = -|A|$ を得る.したがって $|A| = 0$ である.

(5) i 行と j 行が比例しているとすると, j 行は i 行の c 倍と考えてよい.定数 c を行列式の外に出すと,行列式は 2 行が等しいので (4) から 0 となる.

(6) 左辺 $= \begin{vmatrix} a_{11} & a_{12} & \cdots & a_{1n} \\ & & \cdots & \\ a_{i1} & a_{i2} & \cdots & a_{in} \\ & & \cdots & \\ a_{j1} & a_{j2} & \cdots & a_{jn} \\ & & \cdots & \end{vmatrix} + \begin{vmatrix} a_{11} & a_{12} & \cdots & a_{1n} \\ & & \cdots & \\ ca_{j1} & ca_{j2} & \cdots & ca_{jn} \\ & & \cdots & \\ a_{j1} & a_{j2} & \cdots & a_{jn} \\ & & \cdots & \end{vmatrix}$ となるが,

第 2 項は i 行と j 行が比例しているので 0 である.

(7) n 次のときの証明は複雑でかなり長くなるので, $n = 2$ の場合についてのみ証明する.証明の方針は n 次のときも同様である.

$$AB = \begin{pmatrix} a_{11} & a_{12} \\ a_{21} & a_{22} \end{pmatrix}\begin{pmatrix} b_{11} & b_{12} \\ b_{21} & b_{22} \end{pmatrix} = \begin{pmatrix} a_{11}b_{11}+a_{12}b_{21} & a_{11}b_{12}+a_{12}b_{22} \\ a_{21}b_{11}+a_{22}b_{21} & a_{21}b_{12}+a_{22}b_{22} \end{pmatrix}$$

だから,右辺の行列式は性質 (2) より,

$\begin{vmatrix} a_{11}b_{11} & a_{11}b_{12} \\ a_{21}b_{11}+a_{22}b_{21} & a_{21}b_{12}+a_{22}b_{22} \end{vmatrix} + \begin{vmatrix} a_{12}b_{21} & a_{12}b_{22} \\ a_{21}b_{11}+a_{22}b_{21} & a_{21}b_{12}+a_{22}b_{22} \end{vmatrix}$

$= \begin{vmatrix} a_{11}b_{11} & a_{11}b_{12} \\ a_{21}b_{11} & a_{21}b_{12} \end{vmatrix} + \begin{vmatrix} a_{11}b_{11} & a_{11}b_{12} \\ a_{22}b_{21} & a_{22}b_{22} \end{vmatrix} + \begin{vmatrix} a_{12}b_{21} & a_{12}b_{22} \\ a_{21}b_{11} & a_{21}b_{12} \end{vmatrix} + \begin{vmatrix} a_{12}b_{21} & a_{12}b_{22} \\ a_{22}b_{21} & a_{22}b_{22} \end{vmatrix}$

$= a_{11}a_{21}\begin{vmatrix} b_{11} & b_{12} \\ b_{11} & b_{12} \end{vmatrix} + a_{11}a_{22}\begin{vmatrix} b_{11} & b_{12} \\ b_{21} & b_{22} \end{vmatrix} + a_{12}a_{21}\begin{vmatrix} b_{21} & b_{22} \\ b_{11} & b_{12} \end{vmatrix} + a_{12}a_{22}\begin{vmatrix} b_{21} & b_{22} \\ b_{21} & b_{22} \end{vmatrix}$

$$= (a_{11}a_{22} - a_{12}a_{21})\begin{vmatrix} b_{11} & b_{12} \\ b_{21} & b_{22} \end{vmatrix} = |A||B|. \qquad \square$$

行列式の計算においては,成分に 0 を増やすために性質 (6) が最も頻繁に使われる.いくつかの例で見てみよう.

例 2.8 (行列式の計算)

$$\begin{vmatrix} 2 & 6 & 4 & 0 \\ -1 & 1 & 2 & 1 \\ 2 & -2 & 0 & 4 \\ 3 & 1 & -1 & 2 \end{vmatrix} = 2\begin{vmatrix} 1 & 3 & 2 & 0 \\ -1 & 1 & 2 & 1 \\ 2 & -2 & 0 & 4 \\ 3 & 1 & -1 & 2 \end{vmatrix} = 2\begin{vmatrix} 1 & 0 & 0 & 0 \\ -1 & 4 & 4 & 1 \\ 2 & -8 & -4 & 4 \\ 3 & -8 & -7 & 2 \end{vmatrix}$$

(1 行から 2 を出す)   (2 列)−3(1 列), (3 列)−2(1 列)

$$= 2\begin{vmatrix} 4 & 4 & 1 \\ -8 & -4 & 4 \\ -8 & -7 & 2 \end{vmatrix} = 8\begin{vmatrix} 1 & 4 & 1 \\ -2 & -4 & 4 \\ -2 & -7 & 2 \end{vmatrix} = 8\begin{vmatrix} 1 & 4 & 1 \\ 0 & 4 & 6 \\ 0 & 1 & 4 \end{vmatrix} = 8\begin{vmatrix} 4 & 6 \\ 1 & 4 \end{vmatrix}$$

(1 列から 4 を出す)   (2 行)+2(1 行), (3 行)+2(1 行)

$$= 8 \cdot 10 = 80$$

例題 2.1 行列式 $\begin{vmatrix} 1 & x & x^2 \\ 1 & y & y^2 \\ 1 & z & z^2 \end{vmatrix}$ を因数分解せよ.

【解答】 (2 行) − (1 行), (3 行) − (1 行) を実行すると,

$$与式 = \begin{vmatrix} 1 & x & x^2 \\ 0 & y-x & y^2-x^2 \\ 0 & z-x & z^2-x^2 \end{vmatrix} = \begin{vmatrix} y-x & (y-x)(y+x) \\ z-x & (z-x)(z+x) \end{vmatrix}$$

(1 行から $(y-x)$, 2 行から $(z-x)$ を出す)

$$= (y-x)(z-x)\begin{vmatrix} 1 & y+x \\ 1 & z+x \end{vmatrix} = (x-y)(y-z)(z-x). \qquad \diamondsuit$$

例題 2.2 行列式 $\begin{vmatrix} a & b & b & b \\ b & a & b & b \\ b & b & a & b \\ b & b & b & a \end{vmatrix}$ を因数分解せよ.

【解答】 (2列), (3列), (4列) を (1列) に足すと,

$$\text{与式} = \begin{vmatrix} a+3b & b & b & b \\ a+3b & a & b & b \\ a+3b & b & a & b \\ a+3b & b & b & a \end{vmatrix} = (a+3b) \begin{vmatrix} 1 & b & b & b \\ 1 & a & b & b \\ 1 & b & a & b \\ 1 & b & b & a \end{vmatrix}$$

(2行, 3行, 4行から1行を引く)

$$= (a+3b) \begin{vmatrix} 1 & b & b & b \\ 0 & a-b & 0 & 0 \\ 0 & 0 & a-b & 0 \\ 0 & 0 & 0 & a-b \end{vmatrix} = (a+3b)(a-b)^3. \quad \diamondsuit$$

問 3. つぎの行列式の値を求めよ.

(1) $\begin{vmatrix} 59 & 60 & 61 \\ 61 & 63 & 66 \\ 62 & 64 & 67 \end{vmatrix}$ (2) $\begin{vmatrix} -2 & 3 & 1 \\ 1 & -2 & -2 \\ 3 & -4 & -3 \end{vmatrix}$ (3) $\begin{vmatrix} 3 & -2 & 2 & -3 \\ 2 & 3 & 5 & -4 \\ -2 & 3 & -4 & 5 \\ 4 & 0 & 1 & -2 \end{vmatrix}$

問 4. つぎの行列式を因数分解せよ.

(1) $\begin{vmatrix} a & b & c \\ c & a & b \\ b & c & a \end{vmatrix}$ (2) $\begin{vmatrix} 1 & 1 & 1 \\ a & b & c \\ a^3 & b^3 & c^3 \end{vmatrix}$ (3) $\begin{vmatrix} a+b+c & -a & -b \\ -a & a+b+c & -c \\ -b & -c & a+b+c \end{vmatrix}$

問 5. A が直交行列のとき, A の行列式の値を求めよ.

ここで, 行列式は 1 つ次数の低い行列式で展開できるということを見るために, 3×3 行列式を再び取り上げる.

$$|A| = \begin{vmatrix} a_{11} & a_{12} & a_{13} \\ a_{21} & a_{22} & a_{23} \\ a_{31} & a_{32} & a_{33} \end{vmatrix}$$
$$= a_{11}a_{22}a_{33} + a_{12}a_{23}a_{31} + a_{13}a_{21}a_{32}$$
$$- (a_{11}a_{23}a_{32} + a_{12}a_{21}a_{33} + a_{13}a_{22}a_{31}).$$

この式を，第 1 行の 3 つの成分 $a_{11}, -a_{12}, a_{13}$ でくくると

$$|A| = a_{11}(a_{22}a_{33} - a_{23}a_{32}) - a_{12}(a_{21}a_{33} - a_{23}a_{31})$$
$$+ a_{13}(a_{21}a_{32} - a_{22}a_{31})$$
$$= a_{11}\begin{vmatrix} a_{22} & a_{23} \\ a_{32} & a_{33} \end{vmatrix} - a_{12}\begin{vmatrix} a_{21} & a_{23} \\ a_{31} & a_{33} \end{vmatrix} + a_{13}\begin{vmatrix} a_{21} & a_{22} \\ a_{31} & a_{32} \end{vmatrix}. \cdots ①$$

また，第 2 列の 3 つの成分 $-a_{12}, a_{22}, -a_{32}$ でくくると

$$|A| = -a_{12}\begin{vmatrix} a_{21} & a_{23} \\ a_{31} & a_{33} \end{vmatrix} + a_{22}\begin{vmatrix} a_{11} & a_{13} \\ a_{31} & a_{33} \end{vmatrix} - a_{32}\begin{vmatrix} a_{11} & a_{13} \\ a_{21} & a_{23} \end{vmatrix}. \cdots ②$$

となる．①，②は共に 2×2 行列式による展開式であるが，実に規則的である．①の a_{11} のかかっている行列式は，元の行列式 $|A|$ から a_{11} を含む行と列を除いた行列式で，$-a_{12}$ のかかっている行列式は元の行列式 $|A|$ から a_{12} を含む行と列を除いた行列式ある．以下同様であり，②についても同じことがいえる．$|A|$ には 3 行 3 列があるので，①，②のような展開は全部で 6 通りあることがわかる．このような展開は一般に**余因子展開**と呼ばれる．以下，n 次の場合について記す．

定義 2.4 n 次正方行列 A の (i,j) 成分 a_{ij} を含む行と列を除いた行列式に符号 $(-1)^{i+j}$ を掛けた数を a_{ij} の**余因子**と呼び，A_{ij} と書く：

$$A_{ij} = (-1)^{i+j} \begin{vmatrix} a_{11} & \cdots & a_{1j-1} & a_{1j+1} & \cdots & a_{1n} \\ & \cdots & & \cdots & & \\ a_{i-11} & \cdots & a_{i-1j-1} & a_{i-1j+1} & \cdots & a_{i-1n} \\ a_{i+11} & \cdots & a_{i+1j-1} & a_{i+1j+1} & \cdots & a_{i+1n} \\ & \cdots & & \cdots & & \\ a_{n1} & \cdots & a_{nj-1} & a_{nj+1} & \cdots & a_{nn} \end{vmatrix}.$$

注意：a_{ij} の余因子の符号は下の図のように $+$ と $-$ が交互に整然と並んでいる．白黒で表せば，洋服などでよく見る市松模様になっている．

$$\begin{pmatrix} + & - & + & - & \cdots \\ - & + & - & + & \cdots \\ + & - & + & - & \cdots \\ & & \cdots & & \end{pmatrix}$$

定理 2.5（余因子展開） $n \times n$ 行列式 $|A|$ はつぎのように展開できる．

$$|A| = a_{i1}A_{i1} + a_{i2}A_{i2} + \cdots + a_{in}A_{in}, \qquad (i = 1, 2, \cdots, n) \quad (2.2)$$

（第 i 行についての展開）

$$|A| = a_{1j}A_{1j} + a_{2j}A_{2j} + \cdots + a_{nj}A_{nj}, \qquad (j = 1, 2, \cdots, n) \quad (2.3)$$

（第 j 列についての展開）

証明 第 1 行についての展開を証明する．第 i 行，第 j 列についても同様である．$n \times n$ 行列式はつぎのように書ける．

$$\begin{vmatrix} a_{11} + 0 + \cdots + 0 & 0 + a_{12} + 0 + \cdots + 0 & \cdots & 0 + \cdots + 0 + a_{1n} \\ a_{21} & a_{22} & \cdots & a_{2n} \\ & & \cdots & \\ a_{n1} & a_{n2} & \cdots & a_{nn} \end{vmatrix}$$

これは，定理 2.4 (2) より，n 個の行列式の和になる：

$$
\begin{vmatrix} a_{11} & 0 & \cdots & 0 \\ a_{21} & a_{22} & \cdots & a_{2n} \\ & & \cdots & \\ a_{n1} & a_{n2} & \cdots & a_{nn} \end{vmatrix} + \begin{vmatrix} 0 & a_{12} & 0 & \cdots & 0 \\ a_{21} & a_{22} & a_{23} & \cdots & a_{2n} \\ & & & \cdots & \\ a_{n1} & a_{n2} & a_{n3} & \cdots & a_{nn} \end{vmatrix} + \cdots
$$

(第 2 列と第 1 列を入れ換える)

$$
+ \begin{vmatrix} 0 & \cdots & 0 & a_{1n} \\ a_{21} & \cdots & a_{2n-1} & a_{2n} \\ & \cdots & & \\ a_{n1} & \cdots & a_{nn-1} & a_{nn} \end{vmatrix}
$$

(第 n 列を $(n-1)$ 列と入れ換え,つぎに $(n-2)$ 列と入れ換え,これを続けて第 1 列まで移動する: 全部で $(n-1)$ 回の入換え)

$$
= \begin{vmatrix} a_{11} & 0 & \cdots & 0 \\ a_{21} & a_{22} & \cdots & a_{2n} \\ & & \cdots & \\ a_{n1} & a_{n2} & \cdots & a_{nn} \end{vmatrix} - \begin{vmatrix} a_{12} & 0 & 0 & \cdots & 0 \\ a_{22} & a_{21} & a_{23} & \cdots & a_{2n} \\ & & & \cdots & \\ a_{n2} & a_{n1} & a_{n3} & \cdots & a_{nn} \end{vmatrix} + \cdots
$$

$$
+ (-1)^{n-1} \begin{vmatrix} a_{1n} & 0 & \cdots & 0 \\ a_{2n} & a_{21} & \cdots & a_{2n-1} \\ & & \cdots & \\ a_{nn} & a_{n1} & \cdots & a_{nn-1} \end{vmatrix} = a_{11} \begin{vmatrix} a_{22} & \cdots & a_{2n} \\ & \cdots & \\ a_{n2} & \cdots & a_{nn} \end{vmatrix}
$$

$$
- a_{12} \begin{vmatrix} a_{21} & a_{23} & \cdots & a_{2n} \\ & \cdots & & \\ a_{n1} & a_{n3} & \cdots & a_{nn} \end{vmatrix} + \cdots + (-1)^{n+1} a_{1n} \begin{vmatrix} a_{21} & \cdots & a_{2n-1} \\ & \cdots & \\ a_{n1} & \cdots & a_{nn-1} \end{vmatrix}
$$

$$
= a_{11}A_{11} + a_{12}A_{12} + \cdots + a_{1n}A_{1n}. \qquad \square
$$

例題 2.3 行列式 $\begin{vmatrix} 1 & 1 & -3 & -2 \\ 2 & -2 & 2 & 3 \\ -3 & 1 & 0 & 1 \\ 1 & 3 & 1 & 2 \end{vmatrix}$ の値を求めよ.

【解答】 第 3 列に 0 があるので,3 列の 1 番下の 1 以外の成分を 0 にする.すなわち,(1 行) + 3 (4 行),(2 行) − 2 (4 行) を実行すると,

$$\text{与式} = \begin{vmatrix} 4 & 10 & 0 & 4 \\ 0 & -8 & 0 & -1 \\ -3 & 1 & 0 & 1 \\ 1 & 3 & 1 & 2 \end{vmatrix} = -\begin{vmatrix} 4 & 10 & 4 \\ 0 & -8 & -1 \\ -3 & 1 & 1 \end{vmatrix} = 2\begin{vmatrix} 2 & 5 & 2 \\ 0 & 8 & 1 \\ -3 & 1 & 1 \end{vmatrix}$$

(第 3 列で余因子展開)　　(1 行から 2, 2 行から -1 を出す)

$$= 2\begin{vmatrix} 2 & -11 & 2 \\ 0 & 0 & 1 \\ -3 & -7 & 1 \end{vmatrix} = -2\begin{vmatrix} 2 & -11 \\ -3 & -7 \end{vmatrix} = -2(-47) = 94.$$

(2 列) $- 8$(3 列),　(第 2 行で余因子展開)　　　　　　　　　◇

問 6. (1) は因数分解せよ. (2) は値を求めよ.

(1) $\begin{vmatrix} x+y & z^2 & 1 \\ y+z & x^2 & 1 \\ z+x & y^2 & 1 \end{vmatrix}$　　(2) $\begin{vmatrix} 2 & 3 & -1 & -2 \\ 1 & -1 & 2 & 1 \\ 1 & 2 & 0 & -2 \\ 4 & 1 & 3 & 1 \end{vmatrix}$

さて，行列式は 2 つの行または 2 つの列が等しいとき 0 となることがわかっている．例えば 3 次の行列式では，1 行と 2 行が等しいとき，

$$\begin{vmatrix} a_{21} & a_{22} & a_{23} \\ a_{21} & a_{22} & a_{23} \\ a_{31} & a_{32} & a_{33} \end{vmatrix} = 0$$

である．これを第 1 行で展開すると

$$\begin{vmatrix} a_{21} & a_{22} & a_{23} \\ a_{21} & a_{22} & a_{23} \\ a_{31} & a_{32} & a_{33} \end{vmatrix} = a_{21}A_{11} + a_{22}A_{12} + a_{23}A_{13} = 0 \tag{2.4}$$

である．また，第 2 列と第 3 列が等しいとき，

$$\begin{vmatrix} a_{11} & a_{13} & a_{13} \\ a_{21} & a_{23} & a_{23} \\ a_{31} & a_{33} & a_{33} \end{vmatrix} = 0.$$

これを第2列で展開すると，

$$\begin{vmatrix} a_{11} & a_{13} & a_{13} \\ a_{21} & a_{23} & a_{23} \\ a_{31} & a_{33} & a_{33} \end{vmatrix} = a_{13}A_{12} + a_{23}A_{22} + a_{33}A_{32} = 0 \quad (2.5)$$

定理 2.5 の余因子展開では，成分の添字と余因子の添字は同じなのであるが，上の式 (2.4), (2.5) では第 1 の添字または第 2 の添字が異なっている．このようなときは 2 行または 2 列が同じ行列式を計算していることになり，値は 0 となる．一般の n 次の行列式についても同様なので，つぎの定理を得る．

定理 2.6 $n \times n$ 行列式 $|A|$ について，つぎのことが成り立つ：

$$a_{i1}A_{j1} + a_{i2}A_{j2} + \cdots + a_{in}A_{jn} = \begin{cases} |A| & (i = j \text{ のとき}) \\ 0 & (i \neq j \text{ のとき}), \end{cases} \quad (2.6)$$

$$a_{1i}A_{1j} + a_{2i}A_{2j} + \cdots + a_{ni}A_{nj} = \begin{cases} |A| & (i = j \text{ のとき}) \\ 0 & (i \neq j \text{ のとき}). \end{cases} \quad (2.7)$$

問 題 2.2

問 1. $A = \begin{pmatrix} 2 & -1 & 3 \\ 4 & -3 & -1 \\ -2 & 2 & 1 \end{pmatrix}$, $B = \begin{pmatrix} 2 & 4 & -1 \\ 3 & 2 & -2 \\ 0 & 5 & 1 \end{pmatrix}$ のとき，$|A|, |B|, |AB|$ を計算し，定理 2.4 (7) が成り立つことを確かめよ．

問 2. つぎの行列式の余因子をすべて求めよ．また，(2) については，第 2 行による余因子展開で行列式の値を求めよ．

(1) $\begin{vmatrix} a & b \\ c & d \end{vmatrix}$ (2) $\begin{vmatrix} 2 & -2 & -3 \\ 4 & 0 & 2 \\ -3 & 2 & -1 \end{vmatrix}$

問 3. (1) A が n 次正方行列, k が定数のとき, $|kA| = k^n|A|$ が成り立つことを示せ.

(2) $\begin{vmatrix} a_{11} & a_{12} & c_{11} & c_{12} \\ a_{21} & a_{22} & c_{21} & c_{22} \\ 0 & 0 & b_{11} & b_{12} \\ 0 & 0 & b_{21} & b_{22} \end{vmatrix} = \begin{vmatrix} a_{11} & a_{12} \\ a_{21} & a_{22} \end{vmatrix} \begin{vmatrix} b_{11} & b_{12} \\ b_{21} & b_{22} \end{vmatrix}$ となることを示せ.

問 4. つぎの行列式を計算せよ. (2), (3) は因数分解せよ.

(1) $\begin{vmatrix} 2 & 3 & 1 & -2 \\ 1 & -2 & 2 & 1 \\ 1 & 0 & -4 & -1 \\ -1 & 1 & 1 & 5 \end{vmatrix}$ (2) $\begin{vmatrix} a & b & b & b \\ a & b & a & b \\ a & a & b & a \\ b & b & b & a \end{vmatrix}$ (3) $\begin{vmatrix} 0 & a & b & c \\ -a & 0 & d & e \\ -b & -d & 0 & f \\ -c & -e & -f & 0 \end{vmatrix}$

問 5. 平面上の異なる 2 点 $(a, b), (c, d)$ を通る直線の方程式は次式で与えられることを示せ.

$$\begin{vmatrix} x & y & 1 \\ a & b & 1 \\ c & d & 1 \end{vmatrix} = 0.$$

問 6. (1) 平面上 ($\boldsymbol{R}^2$) の異なる 3 点を O$(0,0)$, A(a_1, a_2), B(b_1, b_2) とする. OA, OB を 2 辺とする平行四辺形の面積は

$$\begin{vmatrix} a_1 & a_2 \\ b_1 & b_2 \end{vmatrix}$$

の絶対値で与えられることを示せ.

(2) 空間内 ($\boldsymbol{R}^3$) の異なる 3 点を O$(0,0,0)$, A(a_1, a_2, a_3), B(b_1, b_2, b_3) とする. OA, OB を 2 辺とする平行四辺形の面積は

$$\sqrt{\begin{vmatrix} a_1 & a_2 \\ b_1 & b_2 \end{vmatrix}^2 + \begin{vmatrix} a_2 & a_3 \\ b_2 & b_3 \end{vmatrix}^2 + \begin{vmatrix} a_1 & a_3 \\ b_1 & b_3 \end{vmatrix}^2}$$

となることを示せ.

2.3 連立1次方程式

最初に n 次正方行列 A の逆行列について考えよう. a_{ij} の余因子 A_{ij} を並べてできる n 次正方行列:

$$\tilde{A} = \begin{pmatrix} A_{11} & A_{12} & \cdots & A_{1n} \\ A_{21} & A_{22} & \cdots & A_{2n} \\ \vdots & \vdots & \ddots & \vdots \\ A_{n1} & A_{n2} & \cdots & A_{nn} \end{pmatrix} \tag{2.8}$$

を A の**余因子行列**と呼ぶ. A と余因子行列の転置 ${}^t\tilde{A}$ の積を計算すると,

$$A\,{}^t\tilde{A} = \begin{pmatrix} a_{11} & a_{12} & \cdots & a_{1n} \\ a_{21} & a_{22} & \cdots & a_{2n} \\ \vdots & \vdots & \ddots & \vdots \\ a_{n1} & a_{n2} & \cdots & a_{nn} \end{pmatrix} \begin{pmatrix} A_{11} & A_{21} & \cdots & A_{n1} \\ A_{12} & A_{22} & \cdots & A_{n2} \\ \vdots & \vdots & \ddots & \vdots \\ A_{1n} & A_{2n} & \cdots & A_{nn} \end{pmatrix}$$

$$= \begin{pmatrix} \sum_{k=1}^{n} a_{1k}A_{1k} & \sum_{k=1}^{n} a_{1k}A_{2k} & \cdots & \sum_{k=1}^{n} a_{1k}A_{nk} \\ \sum_{k=1}^{n} a_{2k}A_{1k} & \sum_{k=1}^{n} a_{2k}A_{2k} & \cdots & \sum_{k=1}^{n} a_{2k}A_{nk} \\ \vdots & \vdots & \ddots & \vdots \\ \sum_{k=1}^{n} a_{nk}A_{1k} & \sum_{k=1}^{n} a_{nk}A_{2k} & \cdots & \sum_{k=1}^{n} a_{nk}A_{nk} \end{pmatrix}$$

（定理 2.6 より）

$$= \begin{pmatrix} |A| & & & O \\ & |A| & & \\ & & \ddots & \\ O & & & |A| \end{pmatrix} = |A|E.$$

よって, $|A| \neq 0$ のとき, $X = \dfrac{1}{|A|}\,{}^t\tilde{A}$ とおくと $AX = E$ を得る. 同様にして, $XA = E$ も成り立つことがわかるので, X は A の逆行列である:

$$A^{-1} = \frac{1}{|A|} \begin{pmatrix} A_{11} & A_{21} & \cdots & A_{n1} \\ A_{12} & A_{22} & \cdots & A_{n2} \\ \vdots & \vdots & \ddots & \vdots \\ A_{1n} & A_{2n} & \cdots & A_{nn} \end{pmatrix}. \tag{2.9}$$

逆に, A が逆行列 A^{-1} をもてば, $AA^{-1} = E$ だから, 定理 2.4 (7) より $|A||A^{-1}| = |E| = 1$ である. よって,

$$|A| \neq 0, \quad |A^{-1}| = |A|^{-1} = \frac{1}{|A|}. \tag{2.10}$$

以上より, つぎの定理を得る.

定理 2.7 n 次正方行列 A が正則であるための必要十分条件は $|A| \neq 0$ である.

A が正則のとき, A^{-1} は式 (2.9) で与えられ, $|A^{-1}| = \dfrac{1}{|A|}$ を満たす.

問 7. $A = \begin{pmatrix} a & b \\ c & d \end{pmatrix}$ に上の結果を用いて, A^{-1} が例題 1.3 で求めた式 (1.12) になることを示せ.

例題 2.4 行列 $A = \begin{pmatrix} 1 & 0 & -2 \\ 2 & -1 & -3 \\ 0 & -4 & 1 \end{pmatrix}$ が正則ならば, 逆行列を求めよ.

【解答】 $|A| = 3$ なので正則である. 余因子を計算すると,

$A_{11} = \begin{vmatrix} -1 & -3 \\ -4 & 1 \end{vmatrix} = -13, \quad A_{21} = -\begin{vmatrix} 0 & -2 \\ -4 & 1 \end{vmatrix} = 8, \quad A_{31} = \begin{vmatrix} 0 & -2 \\ -1 & -3 \end{vmatrix} = -2,$

$A_{12} = -\begin{vmatrix} 2 & -3 \\ 0 & 1 \end{vmatrix} = -2, \quad A_{22} = \begin{vmatrix} 1 & -2 \\ 0 & 1 \end{vmatrix} = 1, \quad A_{32} = -\begin{vmatrix} 1 & -2 \\ 2 & -3 \end{vmatrix} = -1,$

$A_{13} = \begin{vmatrix} 2 & -1 \\ 0 & -4 \end{vmatrix} = -8, \quad A_{23} = -\begin{vmatrix} 1 & 0 \\ 0 & -4 \end{vmatrix} = 4, \quad A_{33} = \begin{vmatrix} 1 & 0 \\ 2 & -1 \end{vmatrix} = -1.$

よって， $A^{-1} = \dfrac{1}{3}\begin{pmatrix} -13 & 8 & -2 \\ -2 & 1 & -1 \\ -8 & 4 & -1 \end{pmatrix}.$ ◇

未知変数が n 個； $x_1, x_2, \cdots, x_n$ で，式の数が n 本の連立1次方程式

$$\begin{cases} a_{11}x_1 + a_{12}x_2 + \cdots + a_{1n}x_n = b_1 \\ a_{21}x_1 + a_{22}x_2 + \cdots + a_{2n}x_n = b_2 \\ \qquad\qquad \cdots \\ a_{n1}x_1 + a_{n2}x_2 + \cdots + a_{nn}x_n = b_n \end{cases} \tag{2.11}$$

を n 元の**非同次連立1次方程式**という．ただし，$b_1, b_2, \cdots, b_n$ の n 個は同時には 0 にならないとする．式 (2.11) は

$$A = \begin{pmatrix} a_{11} & a_{12} & \cdots & a_{1n} \\ a_{21} & a_{22} & \cdots & a_{2n} \\ \vdots & \vdots & \ddots & \vdots \\ a_{n1} & a_{n2} & \cdots & a_{nn} \end{pmatrix}, \quad \boldsymbol{x} = \begin{pmatrix} x_1 \\ x_2 \\ \vdots \\ x_n \end{pmatrix}, \quad \boldsymbol{b} = \begin{pmatrix} b_1 \\ b_2 \\ \vdots \\ b_n \end{pmatrix}$$

とおくと，つぎのように簡単に書ける：

$$A\boldsymbol{x} = \boldsymbol{b}. \tag{2.12}$$

$|A| \neq 0$ のとき，この連立1次方程式の解 $\boldsymbol{x}$ は

$$\boldsymbol{x} = A^{-1}\boldsymbol{b} = \dfrac{1}{|A|} \begin{pmatrix} A_{11} & A_{21} & \cdots & A_{n1} \\ A_{12} & A_{22} & \cdots & A_{n2} \\ \vdots & \vdots & \ddots & \vdots \\ A_{1n} & A_{2n} & \cdots & A_{nn} \end{pmatrix} \begin{pmatrix} b_1 \\ b_2 \\ \vdots \\ b_n \end{pmatrix}.$$

となる．$\boldsymbol{x}$ の第1成分を書き下してみると

$$x_1 = \dfrac{1}{|A|}(b_1 A_{11} + b_2 A_{21} + \cdots + b_n A_{n1})$$

$$= \frac{1}{|A|} \begin{vmatrix} b_1 & a_{12} & \cdots & a_{1n} \\ b_2 & a_{22} & \cdots & a_{2n} \\ \vdots & \vdots & \ddots & \vdots \\ b_n & a_{n2} & \cdots & a_{nn} \end{vmatrix}.$$

最後の行列式は，$|A|$ の第 1 列目を式 (2.12) の右辺のベクトル $\boldsymbol{b}$ で置き換えた行列式である．他の変数についても同じことがいえるので，つぎの定理を得る．

定理 2.8（クラメルの公式）　非同次連立 1 次方程式 (2.11) がただ 1 組の解をもつ必要十分条件は，係数行列 A が $|A| \neq 0$ であることである．このとき，解 $\boldsymbol{x}$ の第 j 成分は次式で与えられる．

$$x_j = \frac{1}{|A|} \begin{vmatrix} a_{11} & \cdots & b_1 & \cdots & a_{1n} \\ a_{21} & \cdots & b_2 & \cdots & a_{2n} \\ & & \cdots & & \\ a_{n1} & \cdots & b_n & \cdots & a_{nn} \end{vmatrix}, \quad (j = 1, 2, \cdots, n). \quad (2.13)$$

注意：式 (2.13) の分子の行列式は，行列式 $|A|$ の第 j 列をベクトル $\boldsymbol{b}$ で置き換えたものである．

例題 2.5　つぎの連立 1 次方程式の解を求めよ．

$$\begin{cases} x + 2y - 3z = 5 \\ 2x - y + z = -1 \\ -3x + 3y - 2z = 4 \end{cases}$$

【解答】 $|A| = \begin{vmatrix} 1 & 2 & -3 \\ 2 & -1 & 1 \\ -3 & 3 & -2 \end{vmatrix} = \begin{vmatrix} 1 & 0 & 0 \\ 2 & -5 & 7 \\ -3 & 9 & -11 \end{vmatrix} = \begin{vmatrix} -5 & 7 \\ 9 & -11 \end{vmatrix} = -8$

だから，ただ 1 組の解をもつ．クラメルの公式から

$$x = -\frac{1}{8}\begin{vmatrix} 5 & 2 & -3 \\ -1 & -1 & 1 \\ 4 & 3 & -2 \end{vmatrix} = -\frac{1}{8}\begin{vmatrix} 2 & -1 & -3 \\ 0 & 0 & 1 \\ 2 & 1 & -2 \end{vmatrix} = \frac{1}{8}\begin{vmatrix} 2 & -1 \\ 2 & 1 \end{vmatrix} = \frac{1}{2}.$$

同様の計算で

$$y = -\frac{1}{8}\begin{vmatrix} 1 & 5 & -3 \\ 2 & -1 & 1 \\ -3 & 4 & -2 \end{vmatrix} = \frac{3}{2}, \quad z = -\frac{1}{8}\begin{vmatrix} 1 & 2 & 5 \\ 2 & -1 & -1 \\ -3 & 3 & 4 \end{vmatrix} = -\frac{1}{2}. \quad \diamond$$

問 8. つぎの連立 1 次方程式の解を，クラメルの公式を用いて解け．ただし，m は定数である．

(1) $\begin{cases} x - my = 1 \\ mx + y = 1 \end{cases}$
(2) $\begin{cases} x - 2y - 2z = -6 \\ 3x - 4y - 3z = -11 \\ -2x + 3y + z = 4 \end{cases}$

ここで，連立 1 次方程式 (2.11) の係数行列 A が正則でないとき，解は存在するか否か，また，存在したとき解は一意か否かなど，簡単な例で考えてみよう．

例題 2.6 連立 1 次方程式 $\begin{cases} 2x + z = 2 & \cdots \text{①} \\ x - y + 2z = -1 & \cdots \text{②} \\ -3x + y - 3z = a & \cdots \text{③} \end{cases}$ は，

定数 a がどのような条件を満たすとき，解をもつか．また，解は一意か否か答えよ．

【解答】 係数行列の行列式は

$$\begin{vmatrix} 2 & 0 & 1 \\ 1 & -1 & 2 \\ -3 & 1 & -3 \end{vmatrix} = \begin{vmatrix} 0 & 0 & 1 \\ -3 & -1 & 2 \\ 3 & 1 & -3 \end{vmatrix} = \begin{vmatrix} -3 & -1 \\ 3 & 1 \end{vmatrix} = 0$$

なので，定理 2.8 は使えない．式②と式③を足すと，$-2x - z = a - 1$ を得る．$2x + z = 1 - a$ $\cdots$ ④ なので，これが式①と異なるとき，すなわち $1 - a \neq 2$ のとき ($a \neq -1$ のとき) 解は存在しない．

一方，$a=-1$ のとき，式④と式①は等しくなり，与式はつぎの 2 本の方程式と同等になる．

$$\begin{cases} 2x +z = 2 \\ x-y+2z = -1 \end{cases}$$

ここで，$x=c$ （c は任意定数）とおけば，$z=2-2c$, $y=-3c+5$ を得る．よって，解は無限個ある．解をベクトル表示すると，

$$(*) \quad \begin{pmatrix} x \\ y \\ z \end{pmatrix} = \begin{pmatrix} 0 \\ 5 \\ 2 \end{pmatrix} + c \begin{pmatrix} 1 \\ -3 \\ -2 \end{pmatrix}. \qquad \diamondsuit$$

注意： (1) 上のような 3 変数の連立 1 次方程式において，係数行列の行列式が $|A|=0$ のとき，解が存在するケースは，つぎの 2 つの場合である：

(ⅰ) 与式が 2 本の方程式と同等になるとき（例題 2.6 のケース），このとき解として，1 つの変数は任意に与えてよい．このことを**解の自由度**は 1 であるという．また，任意定数を含む解（上の例では $(*)$）を**一般解**と呼ぶ．

(ⅱ) 与式が 1 本の方程式と同等になるとき（例えば，$x+2y-3z=2$ に帰着されたと考えよう），このとき 2 つの変数はかってに与えてよいので，$z=c_1$, $y=c_2$ とおくと，$x=-2c_2+3c_1$ となり，任意定数を 2 つ含む（自由度 2 の）一般解が得られる．

(2) 例題 2.6 の方程式を $A\boldsymbol{x}=\boldsymbol{b}$ と書くとき，解 $(*)$ の第 1 項は $A\boldsymbol{x}=\boldsymbol{b}$ の 1 つの解であり，任意定数のかかった第 2 項は $A\boldsymbol{x}=\boldsymbol{o}$ の解になっている．読者はこのことを確かめよ．また，どの変数を任意定数とおくかで解の表現が変わってしまうので，解 $(*)$ の表現は一通りではないことに注意せよ．

問 9. つぎの連立 1 次方程式が解をもつように a の値を定め，一般解を求めよ．

(1) $\begin{cases} 2x-y = a \\ -4x+2y = 3 \end{cases}$ (2) $\begin{cases} x+y+2z = 2 \\ 2x+3y-z = 1 \\ x+2y-3z = a \end{cases}$

この節の最後に，連立 1 次方程式 (2.11) の右辺のベクトルが $\boldsymbol{o}$ である**同次連立 1 次方程式**

$$\begin{cases} a_{11}x_1 + a_{12}x_2 + \cdots + a_{1n}x_n = 0 \\ a_{21}x_1 + a_{22}x_2 + \cdots + a_{2n}x_n = 0 \\ \quad \cdots \\ a_{n1}x_1 + a_{n2}x_2 + \cdots + a_{nn}x_n = 0 \end{cases} \iff A\boldsymbol{x} = \boldsymbol{o} \quad (2.14)$$

の解について考えよう.明らかなことであるが,$\boldsymbol{x} = \boldsymbol{o}$ はつねに解であり,これは**自明解**と呼ばれている.われわれは,方程式 (2.14) の自明解以外の解に興味がある.自明解以外の解をもつのはどのようなときであろうか.

$|A| \neq 0$ のとき,$\boldsymbol{x} = A^{-1}\boldsymbol{o} = \boldsymbol{o}$ なので解は自明解しかない.つぎに,命題

(P): $|A| = 0$ ならば $A\boldsymbol{x} = \boldsymbol{o}$ は自明解以外の解をもつ.

を証明する.

命題 (P) の証明 記述を簡単にするため,つぎの 3 次元の方程式で証明する.

$$(\text{I}) \begin{cases} a_1 x + a_2 y + a_3 z = 0 \\ b_1 x + b_2 y + b_3 z = 0 \\ c_1 x + c_2 y + c_3 z = 0 \end{cases}$$

一般性を失うことなく,$a_1 \neq 0$ としてよい(もし,$a_1 = 0$ ならば,b_1 と c_1 のどちらかは 0 でないので,2 行または 3 行を 1 行目にもってくる).係数行列の行列式はつぎのように変形できる:

$$|A| = \begin{vmatrix} a_1 & a_2 & a_3 \\ b_1 & b_2 & b_3 \\ c_1 & c_2 & c_3 \end{vmatrix} = \begin{vmatrix} a_1 & a_2 & a_3 \\ 0 & b'_2 & b'_3 \\ 0 & c'_2 & c'_3 \end{vmatrix} = \begin{vmatrix} a_1 & a_2 & a_3 \\ 0 & b'_2 & b'_3 \\ 0 & 0 & c''_3 \end{vmatrix} \cdots (*)$$

$(2\,\text{行}) - \dfrac{b_1}{a_1}(1\,\text{行}) \qquad (3\,\text{行}) - \dfrac{c'_2}{b'_2}(2\,\text{行})$

$(3\,\text{行}) - \dfrac{c_1}{a_1}(1\,\text{行})$

上の最初の変形では,$b'_2 = b_2 - \dfrac{b_1}{a_1} a_2$,$b'_3 = b_3 - \dfrac{b_1}{a_1} a_3$,$c'_2 = c_2 - \dfrac{c_1}{a_1} a_2$,$c'_3 = c_3 - \dfrac{c_1}{a_1} a_3$ である.第 2 の変形では,$b'_2 \neq 0$ と仮定していて,$c''_3 = c'_3 - \dfrac{c'_2}{b'_2} b'_3$ である.

もし,$b'_2 = 0$,$c'_2 \neq 0$ ならば,2 行と 3 行を入れ換えて,$c'_j \ (j = 2, 3)$ を $b'_j \ (j = 2, 3)$ に,元の $b'_j \ (j = 2, 3)$ を $c'_j \ (j = 2, 3)$ に書き直せば

$$|A| = - \begin{vmatrix} a_1 & a_2 & a_3 \\ 0 & b'_2 & b'_3 \\ 0 & 0 & c'_3 \end{vmatrix} \quad \cdots (**)$$

となる.

また,もし $b'_2 = 0, c'_2 = 0$ のとき,(ⅰ) $b'_3 \neq 0, c'_3 \neq 0$ ならば,(3行)$-\dfrac{c'_3}{b'_3}$(2行) を実行することで,3行の成分はすべて 0 になる.(ⅱ) b'_3 と c'_3 の一方が 0 のとき,0 のものを第 3 行にもってくれば 3 行の成分はすべて 0 になる.(ⅲ) $b'_3 = 0, c'_3 = 0$ ならば,もはや変形は必要ない.したがって,このケースでは

$$|A| = \pm \begin{vmatrix} a_1 & a_2 & a_3 \\ 0 & 0 & b'_3 \\ 0 & 0 & 0 \end{vmatrix} \quad \cdots (***)$$

となる((ⅲ) の場合は, $b'_3 = 0$ である).

さて,命題の仮定は,$|A| = 0$ であったので,変形 $(*), (**)$ における $(3,3)$ 成分 c''_3, c'_3 は共に 0 でなければならない.上で述べたすべての場合を考慮すると,行列式の変形と同じ変形により連立 1 次方程式 (Ⅰ) は結局つぎの形になる:

$$\text{(Ⅱ)} \begin{cases} a_1 x + a_2\, y + a_3\, z = 0 \\ 0 \cdot x + b'_2\, y + b'_3\, z = 0 \\ 0 \cdot x + 0 \cdot y + 0 \cdot z = 0 \end{cases}$$

ここに,b'_2 と b'_3 は 0 になることもあり得る.ここで自明解以外の解を求めよう.$b'_2 \neq 0$ ならば,$z = 1, y = -\dfrac{b'_3}{b'_2}, x = \dfrac{a_2 b'_3}{a_1 b'_2} - \dfrac{a_3}{a_1}$ なる解を得る.$b'_2 = 0, b'_3 \neq 0$ ならば,$z = 0, y = 1, x = -\dfrac{a_2}{a_1}$ なる解を得る.$b'_2 = b'_3 = 0$ ならば(自由度 2 のケース),$z = 1, y = 1, x = -\dfrac{a_2 + a_3}{a_1}$ なる解を得る.したがって,(Ⅰ) は自明解以外の解をもつ.一般の n 元同次連立 1 次方程式に対しても,行列式 $|A|$ を上三角行列に変形することにより,同じように非自明解の存在を示すことができる.(証明終り)

命題 (P) の対偶は「$A\boldsymbol{x} = \boldsymbol{o}$ が自明解のみをもつ $\Rightarrow$ $|A| \neq 0$」なので,結局つぎの定理を得る.

定理 2.9 同次連立 1 次方程式 (2.14) に対して，つぎの命題が成り立つ．

(1) $A\bm{x} = \bm{o}$ が自明解以外の解をもつ $\iff$ $|A| = 0$.

(2) $A\bm{x} = \bm{o}$ が自明解のみをもつ $\iff$ $|A| \neq 0$.

注意：(1) と (2) はたがいに対偶の関係にある．

例題 2.7 つぎの同次連立 1 次方程式の解を求めよ．

$$\begin{cases} x_1 - 2x_2 + 3x_3 + x_4 = 0 \\ 3x_1 + x_2 - x_3 - 4x_4 = 0 \\ x_1 + 5x_2 - 7x_3 - 6x_4 = 0 \\ 3x_1 + 8x_2 - 11x_3 - 11x_4 = 0 \end{cases}$$

【解答】 係数行列に対して，前々ページで行った変形 (*) を行い，上三角行列をつくる．ただし，ここでは数字のみを書く：

$$\begin{array}{cccc} 1 & -2 & 3 & 1 \\ 3 & 1 & -1 & -4 \\ 1 & 5 & -7 & -6 \\ 3 & 8 & -11 & -11 \end{array} \quad \begin{array}{c} (2\,\text{行}) - 3(1\,\text{行}) \\ (3\,\text{行}) - (1\,\text{行}) \\ \longrightarrow \\ (4\,\text{行}) - 3(1\,\text{行}) \end{array} \quad \begin{array}{cccc} 1 & -2 & 3 & 1 \\ 0 & 7 & -10 & -7 \\ 0 & 7 & -10 & -7 \\ 0 & 14 & -20 & -14 \end{array}$$

$$\begin{array}{c} (3\,\text{行}) - (2\,\text{行}) \\ \longrightarrow \\ (4\,\text{行}) - 2(2\,\text{行}) \end{array} \quad \begin{array}{cccc} 1 & -2 & 3 & 1 \\ 0 & 7 & -10 & -7 \\ 0 & 0 & 0 & 0 \\ 0 & 0 & 0 & 0 \end{array}$$

結局，つぎの 2 本の方程式を考えればよい．$\begin{cases} x_1 - 2x_2 + 3x_3 + x_4 = 0 \\ 7x_2 - 10x_3 - 7x_4 = 0 \end{cases}$

$x_3 = 7c_1$, $x_4 = c_2$ とおくと（解の自由度 2），$x_2 = 10c_1 + c_2$, $x_1 = -c_1 + c_2$ となるので，解は

$$\begin{pmatrix} x_1 \\ x_2 \\ x_3 \\ x_4 \end{pmatrix} = c_1 \begin{pmatrix} -1 \\ 10 \\ 7 \\ 0 \end{pmatrix} + c_2 \begin{pmatrix} 1 \\ 1 \\ 0 \\ 1 \end{pmatrix}. \qquad (一般解) \qquad \diamond$$

問　題　2.3

問 1. つぎの行列が正則ならば，逆行列を求めよ．

(1) $\begin{pmatrix} 2 & a \\ -a & 1 \end{pmatrix}$　　(2) $\begin{pmatrix} 1 & 2 & -2 \\ 2 & 1 & 0 \\ -3 & 0 & -2 \end{pmatrix}$　　(3) $\begin{pmatrix} -1 & 3 & 2 \\ 0 & -2 & -1 \\ 2 & 1 & 1 \end{pmatrix}$

問 2. つぎの連立 1 次方程式の解をクラメルの公式を用いて求めよ．

(1) $\begin{cases} x - y - 2z = 1 \\ 2x + y - z = 3 \\ 3x - 2y - z = 2 \end{cases}$　　(2) $\begin{cases} x + z = 1 \\ y + w = 2 \\ x + w = 3 \\ 2y + z = 4 \end{cases}$

問 3. つぎの同次連立 1 次方程式が自明でない解をもつように a の値を定め，解を求めよ．

(1) $\begin{cases} ax - 4y = 0 \\ -x + ay = 0 \end{cases}$　　(2) $\begin{cases} ax + 2y + 2z = 0 \\ 2x + ay + 2z = 0 \\ 2x + 2y + az = 0 \end{cases}$

問 4. 平面上の 3 直線 $\begin{cases} x + y = 1 \\ 2x - y = a \\ ax + 2y = 2 \end{cases}$ に対して $\begin{vmatrix} 1 & 1 & 1 \\ 2 & -1 & a \\ a & 2 & 2 \end{vmatrix} = 0$ となるのは，どのような場合か答えよ．

2.4　はきだし法と行列の階数 *

前節では，連立 1 次方程式 (2.11) $A\boldsymbol{x} = \boldsymbol{b}$ の 1 つの解法としてクラメルの公

式を示したが，これは未知数が多くなると計算は非常にたいへんである．例えば未知数が6個の場合，6×6 行列式を7回計算しなければならない．機械的な計算は計算機に任せたほうがよいのだが，行列式の定義による計算は計算機にのせるにしても少々やっかいなので，もっと簡単な別の方法（アルゴリズム）があれば，手計算および計算機による計算のどちらに対しても有効であろう．

学生諸君は，いままでの経験から，未知数をどんどん消去していけば方程式は解ける（消去法）ということを知っていると思う．この方法をもっと単純な形で組織的に展開することを考えよう．すなわち，方程式 (2.11) につぎの3つの**基本変形**のみを作用させて方程式を解く．

(Ⅰ) 1つの行を c 倍する．

(Ⅱ) 2つの行を入れ換える．

(Ⅲ) 1つの行の c 倍を他の行に加える．

ただし，c は0でない定数である．

実際に上の3つの変形だけで方程式が解けることを示す．以下，左に1つの連立方程式 (E) を，右に方程式の係数（これを拡大行列 $\tilde{A}$ と書く）だけを書いて変形していく．

$$(\text{E}) \begin{cases} x - 2y + 2z = 3 \\ 2x + y - z = 1 \\ -3x - y + 2z = 1 \end{cases} \qquad \tilde{A} = \begin{pmatrix} 1 & -2 & 2 & \vdots & 3 \\ 2 & 1 & -1 & \vdots & 1 \\ -3 & -1 & 2 & \vdots & 1 \end{pmatrix}$$

(2行) $-$ 2 (1行)，(3行) $+$ 3 (1行)

$$\begin{cases} x - 2y + 2z = 3 \\ 5y - 5z = -5 \\ -7y + 8z = 10 \end{cases} \qquad \begin{pmatrix} 1 & -2 & 2 & \vdots & 3 \\ 0 & 5 & -5 & \vdots & -5 \\ 0 & -7 & 8 & \vdots & 10 \end{pmatrix}$$

(2行) $\div$ 5

2.4 はきだし法と行列の階数 *

$$\begin{cases} x - 2y + 2z = 3 \\ y - z = -1 \\ -7y + 8z = 10 \end{cases} \qquad \begin{pmatrix} 1 & -2 & 2 & \vdots & 3 \\ & 1 & -1 & \vdots & -1 \\ & -7 & 8 & \vdots & 10 \end{pmatrix}$$

(3 行) + 7 (2 行)

$$\begin{cases} x - 2y + 2z = 3 \\ y - z = -1 \\ z = 3 \end{cases} \qquad \begin{pmatrix} 1 & -2 & 2 & \vdots & 3 \\ & 1 & -1 & \vdots & -1 \\ & 0 & 1 & \vdots & 3 \end{pmatrix}$$

(1 行) − 2 (3 行), (2 行) + (3 行)

$$\begin{cases} x - 2y = -3 \\ y = 2 \\ z = 3 \end{cases} \qquad \begin{pmatrix} 1 & -2 & 0 & \vdots & -3 \\ & 1 & 0 & \vdots & 2 \\ & & 1 & \vdots & 3 \end{pmatrix}$$

(1 行) + 2 (2 行)

$$\begin{cases} x = 1 \\ y = 2 \quad \text{(左の 3 つが, 解)} \\ z = 3 \end{cases} \qquad \begin{pmatrix} 1 & 0 & 0 & \vdots & 1 \\ & 1 & 0 & \vdots & 2 \\ & & 1 & \vdots & 3 \end{pmatrix}$$

人間が手計算で解く場合, もっと簡単に解を求めるであろう. しかし, 3 つの基本変形だけで解が求められるということは重要なことである. また, 右側の演算で見たように, 係数 (行列) の変形だけで解が得られるということも重要である. これらの変形は計算機でも簡単に実行できるので, 数値計算ソフトの中でも使われている. この計算法は, 方程式の係数をつぎつぎに 0 にして, 項の数を減らしていくのではきだし法と呼ばれている. はきだし法では, 方程式の係数行列 A を基本変形で単位行列に変形したとき, 同じように変形された右辺のベクトルがそのまま解になる (この理屈は後で説明する). もし, 行列式が $|A| = 0$ のときは, はきだし法の途中で対角に 0 が現れ, A を単位行列に

変形することはできなくなる．その時点で，解は存在しなかったり，沢山あったりするということが判定できる．この意味でも，はきだし法は一般の連立1次方程式の1つの有力な解法であるということがいえる．

さて，3つの基本変形に対応する行列が存在することを示そう．1つの $m \times n$ 行列 A に左から以下に示す3つの $m \times m$ 行列を掛けると，行列 A が上記（I），（II），（III）のように基本変形される．

（I） $P_i(c)$ （第 i 行を c 倍する行列）：

$$P_i(c) = \begin{pmatrix} 1 & & & & & & O \\ & \ddots & & & & & \\ & & 1 & & & & \\ & & & c & & & \\ & & & & 1 & & \\ & & & & & \ddots & \\ O & & & & & & 1 \end{pmatrix} \text{（第 } i \text{ 行）} \quad (2.15)$$

例えば， $P_2(3)A = \begin{pmatrix} 1 & 0 & 0 \\ 0 & 3 & 0 \\ 0 & 0 & 1 \end{pmatrix} \begin{pmatrix} 1 & 2 & -3 & 4 \\ 2 & 1 & 4 & -3 \\ 0 & 3 & -1 & 2 \end{pmatrix} = \begin{pmatrix} 1 & 2 & -3 & 4 \\ 6 & 3 & 12 & -9 \\ 0 & 3 & -1 & 2 \end{pmatrix}$

となり，A の第2行が3倍される．

（II） P_{ij} （第 i 行と第 j 行を入れ換える行列）：

$$P_{ij} = \begin{pmatrix} 1 & & & & & & O \\ & \ddots & & & & & \\ & & 0 & \cdots & 1 & & \\ & & \vdots & \ddots & \vdots & & \\ & & 1 & \cdots & 0 & & \\ & & & & & \ddots & \\ O & & & & & & 1 \end{pmatrix} \begin{matrix} \\ \\ (\text{第}\,i\,\text{行}) \\ \\ (\text{第}\,j\,\text{行}) \\ \\ \end{matrix} \quad (2.16)$$

例えば, $P_{12}A = \begin{pmatrix} 0 & 1 & 0 \\ 1 & 0 & 0 \\ 0 & 0 & 1 \end{pmatrix} \begin{pmatrix} 1 & 2 & -3 & 4 \\ 2 & 1 & 4 & -3 \\ 0 & 3 & -1 & 2 \end{pmatrix} = \begin{pmatrix} 2 & 1 & 4 & -3 \\ 1 & 2 & -3 & 4 \\ 0 & 3 & -1 & 2 \end{pmatrix}$

となり, A の 1 行と 2 行が入れ換わる.

(III) $P_{ij}(c)$ (第 i 行の c 倍を第 j 行に加える行列):

$$P_{ij}(c) = \begin{pmatrix} 1 & & & & & & O \\ & \ddots & & & & & \\ & & 1 & & & & \\ & & \vdots & \ddots & & & \\ & & c & \cdots & 1 & & \\ & & & & & \ddots & \\ O & & & & & & 1 \end{pmatrix} \begin{matrix} (i < j\,\text{のとき}) \\ \\ (\text{第}\,i\,\text{行}) \\ \\ (\text{第}\,j\,\text{行}) \\ \\ \end{matrix} \quad (2.17)$$

または

$$P_{ij}(c) = \begin{pmatrix} 1 & & & & & & O \\ & \ddots & & & & & \\ & & 1 & \cdots & c & & \\ & & & \ddots & \vdots & & \\ & & & & 1 & & \\ & & & & & \ddots & \\ O & & & & & & 1 \end{pmatrix} \begin{matrix} (j<i \text{のとき}) \\ \\ (\text{第}\,j\,\text{行}) \\ \\ (\text{第}\,i\,\text{行}) \\ \\ \end{matrix} \quad (2.18)$$

例えば

$P_{23}(1)\,P_{12}(-2)\,A$

$= \begin{pmatrix} 1 & 0 & 0 \\ 0 & 1 & 0 \\ 0 & 1 & 1 \end{pmatrix} \begin{pmatrix} 1 & 0 & 0 \\ -2 & 1 & 0 \\ 0 & 0 & 1 \end{pmatrix} \begin{pmatrix} 1 & 2 & -3 & 4 \\ 2 & 1 & 4 & -3 \\ 0 & 3 & -1 & 2 \end{pmatrix}$

$= \begin{pmatrix} 1 & 0 & 0 \\ 0 & 1 & 0 \\ 0 & 1 & 1 \end{pmatrix} \begin{pmatrix} 1 & 2 & -3 & 4 \\ 0 & -3 & 10 & -11 \\ 0 & 3 & -1 & 2 \end{pmatrix} = \begin{pmatrix} 1 & 2 & -3 & 4 \\ 0 & -3 & 10 & -11 \\ 0 & 0 & 9 & -9 \end{pmatrix}$

となり，A の対角成分より下の成分がすべて 0 に変形される．$P_{12}(-2)$ は "(2行) $-$ 2·(1行)" を行う行列，$P_{23}(1)$ は "(3行)+(2行)" を行う行列である．

基本変形を実現する行列 $P_i(c)$, P_{ij}, $P_{ij}(c)$ を**基本行列**という．これらの基本行列はつぎの性質をもつ．

定理 2.10 基本行列はすべて正則行列であり，次式を満たす．

$$P_i(c)^{-1} = P_i(c^{-1}), \quad P_{ij}^{-1} = P_{ij}, \quad P_{ij}(c)^{-1} = P_{ij}(-c) \quad (2.19)$$

問 10. 上の定理を証明せよ．

さて，方程式 (E) ($Ax = b$ と書く) をはきだし法で解き，解 $x = 1$, $y = 2$, $z = 3$ を得たが，この過程を基本行列を用いて表すと

$$P_{21}(2)\, P_{32}(1)\, P_{31}(-2)\, P_{23}(7)\, P_2(\tfrac{1}{5})\, P_{13}(3)\, P_{12}(-2)\, Ax$$
$$= P_{21}(2)\, P_{32}(1)\, P_{31}(-2)\, P_{23}(7)\, P_2(\tfrac{1}{5})\, P_{13}(3)\, P_{12}(-2)\, b$$

であり，この式が $Ex = {}^t(1\ 2\ 3)$ である．このことから

$$A^{-1} = P_{21}(2)\, P_{32}(1)\, P_{31}(-2)\, P_{23}(7)\, P_2(\tfrac{1}{5})\, P_{13}(3)\, P_{12}(-2)$$

であることもわかる．方程式 $Ax = b$ の両辺に左から同じ基本行列をつぎつぎに掛けて変形していく過程は，数字だけに注目すれば，拡大行列 $\tilde{A} = (A \mid b)$ の変形そのものである．

一般に，連立1次方程式 $Ax = b$ (A は $n \times n$ 行列) では，$|A| \neq 0$ である限りいつも，拡大行列 $\tilde{A} = (A \mid b)$ をはきだし法で，$(E \mid b')$ の形の行列に変形することができ，解は b' である．

また，A を 3×3 正則行列とすると，これの逆行列は $Ax_1 = e_1$, $Ax_2 = e_2$, $Ax_3 = e_3$ の解を並べた行列 $(x_1\ x_2\ x_3)$ だから，拡大行列 $\tilde{A} = (A \mid e_1\ e_2\ e_3)$ をはきだし法で $(E \mid x_1\ x_2\ x_3)$ と変形して得ることができる．すなわち $A^{-1} = (x_1\ x_2\ x_3)$ である．

例題 2.8 行列 $A = \begin{pmatrix} 1 & 2 & 4 \\ -2 & 1 & -5 \\ 1 & 0 & 3 \end{pmatrix}$ の逆行列をはきだし法で求めよ．

【解答】 A と単位行列 E を並べて，はきだし法で変形する：

$$\begin{array}{ccc:ccc}
1 & 2 & 4 & 1 & 0 & 0 \\
-2 & 1 & -5 & 0 & 1 & 0 \\
1 & 0 & 3 & 0 & 0 & 1
\end{array}
\quad \begin{array}{c} (2\,行)+2(1\,行) \\ (3\,行)-(1\,行) \\ \Longrightarrow \end{array} \quad
\begin{array}{ccc:ccc}
1 & 2 & 4 & 1 & 0 & 0 \\
0 & 5 & 3 & 2 & 1 & 0 \\
0 & -2 & -1 & -1 & 0 & 1
\end{array}$$

(2行)+2(3行) で, $\Longrightarrow$

$$\begin{pmatrix} 1 & 2 & 4 & \vdots & 1 & 0 & 0 \\ 0 & 1 & 1 & \vdots & 0 & 1 & 2 \\ 0 & -2 & -1 & \vdots & -1 & 0 & 1 \end{pmatrix} \xrightarrow{(3行)+2(2行)} \begin{pmatrix} 1 & 2 & 4 & \vdots & 1 & 0 & 0 \\ 0 & 1 & 1 & \vdots & 0 & 1 & 2 \\ 0 & 0 & 1 & \vdots & -1 & 2 & 5 \end{pmatrix}$$

(1行)−4(3行), (2行)−(3行) で, $\Longrightarrow$

$$\begin{pmatrix} 1 & 2 & 0 & \vdots & 5 & -8 & -20 \\ 0 & 1 & 0 & \vdots & 1 & -1 & -3 \\ 0 & 0 & 1 & \vdots & -1 & 2 & 5 \end{pmatrix} \xrightarrow{(1行)-2(2行)} \begin{pmatrix} 1 & 0 & 0 & \vdots & 3 & -6 & -14 \\ 0 & 1 & 0 & \vdots & 1 & -1 & -3 \\ 0 & 0 & 1 & \vdots & -1 & 2 & 5 \end{pmatrix}$$

よって, 逆行列は $A^{-1} = \begin{pmatrix} 3 & -6 & -14 \\ 1 & -1 & -3 \\ -1 & 2 & 5 \end{pmatrix}$. $\diamondsuit$

問 11. つぎの連立方程式の解, および行列の逆行列をはきだし法で求めよ.

(1) $\begin{cases} x - 2y + 5z = 3 \\ 2x + y = 1 \\ 3x - y + 2z = -5 \end{cases}$ (2) $\begin{pmatrix} 3 & 1 \\ -2 & 1 \end{pmatrix}$ (3) $\begin{pmatrix} 1 & 1 & 1 \\ 0 & 2 & 2 \\ -1 & -1 & 0 \end{pmatrix}$

任意の $m \times n$ 行列 $A (\neq O)$ を, 有限回の基本変形によりつぎのような左下に 0 が階段状に並ぶ r 階の**階段行列**A_r (左下には, もうこれ以上 0 は増やせないという形の行列) に変形することができる (証明は略す).

$$A_r = \begin{pmatrix} a_{1i_1} & \cdots & & & & \cdots & \\ & & a_{2i_2} & \cdots & & & \cdots \\ & & & & a_{ii_3} & \cdots & \cdots \\ & & & & & \ddots & \\ & O & & & & & a_{ri_r} & \cdots \end{pmatrix} \quad (2.20)$$

ただし, $a_{1i_1} a_{2i_2} \cdots a_{ri_r} \neq 0$ である. また, 階段行列は a_{ri_r} を含む行が最後の行になる場合, a_{ri_r} を含む列が最後の列になる場合もあり得る.

例 2.9 (階段行列への変形)

$$A = \begin{pmatrix} 1 & 2 & -1 & 3 \\ -1 & 1 & -2 & 3 \\ 2 & 1 & 1 & 0 \end{pmatrix} \Longrightarrow \begin{pmatrix} 1 & 2 & -1 & 3 \\ 0 & 3 & -3 & 6 \\ 0 & -3 & 3 & -6 \end{pmatrix} \Longrightarrow \begin{pmatrix} 1 & 2 & -1 & 3 \\ 0 & 3 & -3 & 6 \\ 0 & 0 & 0 & 0 \end{pmatrix}$$

 (2行) + (1行), (3行) − 2(1行)　　　　(3行) + (2行)

$$B = \begin{pmatrix} 1 & 2 & 1 \\ -1 & 2 & 3 \\ 2 & 1 & 3 \\ 0 & 2 & -4 \end{pmatrix} \Longrightarrow \begin{pmatrix} 1 & 2 & 1 \\ 0 & 4 & 4 \\ 0 & -3 & 1 \\ 0 & 2 & -4 \end{pmatrix} \Longrightarrow \begin{pmatrix} 1 & 2 & 1 \\ 0 & 1 & 1 \\ 0 & -3 & 1 \\ 0 & 1 & -2 \end{pmatrix} \Longrightarrow$$

(2行) + (1行), (3行) − 2(1行)　　(2行) ÷ 4, (4行) ÷ 2　　(3行) + 3(2行),
　　　　　　　　　　　　　　　　　　　　　　　　　　　　(4行) − (2行)

$$\begin{pmatrix} 1 & 2 & 1 \\ 0 & 1 & 1 \\ 0 & 0 & 4 \\ 0 & 0 & -3 \end{pmatrix} \Longrightarrow \begin{pmatrix} 1 & 2 & 1 \\ 0 & 1 & 1 \\ 0 & 0 & 1 \\ 0 & 0 & -1 \end{pmatrix} \Longrightarrow \begin{pmatrix} 1 & 2 & 1 \\ 0 & 1 & 1 \\ 0 & 0 & 1 \\ 0 & 0 & 0 \end{pmatrix}$$

(3行) ÷ 4, (4行) ÷ 3　　(4行) + (3行)

A は 2 階の, B は 3 階の階段行列に変形できた. 左下部分にはこれ以上 0 を増やすことはできないことを各自確かめよ.

定義 2.5 (**行列の階数**)　行列 A が有限回の基本変形で r 階の階段行列 A_r に変形されるとき, r を行列 A の**階数** (または**ランク**) といい, $r = \mathrm{rank}\, A$ と書く.

注意: (1)　零行列 O のランクは 0 と定める ($\mathrm{rank}\, O = 0$).
(2)　例 2.9 では, $\mathrm{rank}\, A = 2$, $\mathrm{rank}\, B = 3$ である.
(3)　$\mathrm{rank}\, A$ はただ一通りに決まる. すなわち, $\mathrm{rank}\, A = r$ かつ $\mathrm{rank}\, A = s$ ($r \neq s$) ということはない. これはたいへん重要な性質だが, 証明は省略する

（必要ならば，文献 [2],p.50 を参照せよ）．また，階段行列 (2.20) の大きさから

$$\operatorname{rank} A \leqq m, \quad \operatorname{rank} A \leqq n \tag{2.21}$$

であることがわかる．

ランクとは，階段行列 (2.20) の各行を左から見たとき，最初の 0 でない数の個数である．これはいったいなにを意味するのか？ 例 2.9 の行列 A では，第 3 行は，(1 行) − (2 行) と同じなので，必要なしと考えることができる．1 行と 2 行は比例していないので，1 次独立である．また A を列で見ても，第 3 列は (1 列) − (2 列) で，第 4 列は 2(2 列) − (1 列) なので，必要なのは 1 列と 2 列の 2 つである．すなわち，行で見ても，列で見ても 1 次独立なベクトルの最大個数は 2 ということになる．このことがランク 2 を表している．

同様に行列 B では，3 つの列ベクトルは 1 次独立である．なぜならば，B を係数とする同時連立 1 次方程式 $B\boldsymbol{x} = \boldsymbol{o}$ は自明解 $\boldsymbol{x} = \boldsymbol{o}$ しかもたない．行で考えると，最初の 3 行は 1 次独立である（この 3 行の行列式は 16 だから）．したがって最後の 4 行目は，最初の 3 つの行の 1 次結合で書ける．結局，行で見ても，列で見ても 1 次独立なベクトルの最大個数は 3 となる．

注意：(1) ベクトルの 1 次独立，1 次従属については 3.1 節を参照せよ．
(2) 方程式 (E)，例題 2.8 でわかるように，$|A| \neq 0$ である n 次正則行列は単位行列に変形できるので，$\operatorname{rank} A = n$ である．

例題 2.9 行列 $A = \begin{pmatrix} a & -1 & -1 \\ -1 & a & -1 \\ -1 & -1 & a \end{pmatrix}$ のランクを調べよ．

【解答】 $|A| = (a-2)(a+1)^2$ だから，$a \neq 2, a \neq -1$ のとき，正則なので $\operatorname{rank} A = 3$．$a = -1$ のとき，行ベクトルはすべて同じなので，$\operatorname{rank} A = 1$．
$a = 2$ のとき，$\begin{pmatrix} 2 & -1 & -1 \\ -1 & 2 & -1 \\ -1 & -1 & 2 \end{pmatrix} \to \begin{pmatrix} 1 & 1 & -2 \\ -1 & 2 & -1 \\ -1 & -1 & 2 \end{pmatrix} \to \begin{pmatrix} 1 & 1 & -2 \\ 0 & 3 & -3 \\ 0 & 0 & 0 \end{pmatrix}$．

よって，rank $A = 2$. ◇

正方行列 A に対してつぎの定理が成り立つ．

定理 2.11 n 次正方行列 A に対して，つぎの 3 つは同値である．
(1) A は正則行列である．
(2) rank $A = n$.
(3) A は基本行列 $P_i(c)$, P_{ij}, $P_{ij}(c)$ の有限個の積で表せる．

問 12. 上の定理を証明せよ．
問 13. つぎの行列のランクを求めよ．

(1) $\begin{pmatrix} 2 & -4 & -6 \\ -1 & 2 & 3 \end{pmatrix}$ (2) $\begin{pmatrix} 0 & -2 & -3 & 5 \\ 3 & -4 & -3 & -2 \\ -2 & 2 & 2 & 3 \end{pmatrix}$ (3) $\begin{pmatrix} 1 & -3 & -2 & 0 \\ 3 & -1 & 0 & -2 \\ -3 & -7 & -6 & 4 \\ 8 & 0 & 2 & -6 \end{pmatrix}$

この節の最後に，未知変数が n 個で式が m 本の一般の n 元連立 1 次方程式を考える．

$$\begin{pmatrix} a_{11} & a_{12} & \cdots & a_{1n} \\ a_{21} & a_{22} & \cdots & a_{2n} \\ & & \cdots & \\ a_{m1} & a_{m2} & \cdots & a_{mn} \end{pmatrix} \begin{pmatrix} x_1 \\ x_2 \\ \vdots \\ x_n \end{pmatrix} = \begin{pmatrix} b_1 \\ b_2 \\ \vdots \\ b_m \end{pmatrix} \iff A\boldsymbol{x} = \boldsymbol{b} \qquad (2.22)$$

ここに，$\boldsymbol{b}$ は零ベクトル $\boldsymbol{o}$ も可とする．また，係数行列 A の各列は零ベクトルでないとする．このように仮定しても一般性は失われない．さて，拡大行列 $\tilde{A} = (A|b)$ をはきだし法によって，つぎのような階段行列に変形できたとする．

$$
\tilde{A}_r = \left(\begin{array}{ccccccc|c}
a'_{11} & \cdots & & & \cdots & a'_{1n} & & b'_1 \\
 & a'_{2\,i_2} & \cdots & & & \cdots & a'_{2n} & b'_2 \\
 & & \ddots & & & \cdots & & \vdots \\
 & & & a'_{r\,i_r} & \cdots & & a'_{rn} & b'_r \\
 & & & & & & & b'_{r+1} \\
 & & & & & & & 0 \\
 & & & O & & & & \vdots \\
 & & & & & & & 0
\end{array}\right) \quad (2.23)
$$

ここに, $(1,1)$ 成分は $a'_{11} \neq 0$ とできることに注意せよ. $(r+1)$ 行までを方程式で書けば,

$$
\begin{cases}
a'_{11}x_1 + a'_{12}x_2 + \cdots + a'_{1n}x_n = b'_1 \\
a'_{2\,i_2}x_{i_2} + a'_{2\,i_2+1}x_{i_2+1} + \cdots + a'_{2n}x_n = b'_2 \\
\quad \cdots \\
a'_{r-1\,i_{r-1}}x_{i_{r-1}} + a'_{r-1\,i_{r-1}+1}x_{i_{r-1}+1} + \cdots + a'_{r-1\,n}x_n = b'_{r-1} \\
a'_{r\,i_r}x_{i_r} + a'_{r\,i_r+1}x_{i_r+1} + \cdots + a'_{rn}x_n = b'_r \\
0 = b'_{r+1}
\end{cases}
$$

である.

(Ⅰ) $b'_{r+1} \neq 0$ のとき, $(r+1)$ 行目の式は決して成り立たないので(矛盾), 解は存在しない.

(Ⅱ) $b'_{r+1} = 0$ のとき, 解を求めることができる.

(ⅰ) $r < n$ ならば, r 本の式の中で, 例えば $x_1, x_{i_2}, \cdots, x_{i_r}$ 以外の $(n-r)$ 個の未知変数は勝手に与えてよい(自由度 $n-r$)ことがわかる. そしてこのとき, $x_1, x_{i_2}, \cdots, x_{i_r}$ を求めることができるので, 解はつねに存在する(勝手に与えてよい $(n-r)$ 個の変数の選び方は一意ではない).

(ii) $r = n$ のとき,解は一意に定まる.特に,$\boldsymbol{b} = \boldsymbol{o}$ のときは,自明解のみをもつ.

以上のことから,連立 1 次方程式 (2.22) が解をもつ必要十分条件は $b'_{r+1} = 0$ である.いいかえれば $\operatorname{rank} A = \operatorname{rank} \tilde{A}$ が成り立つことである.結局,つぎの定理を得る.

定理 2.12 n 元連立 1 次方程式 (2.22): $A\boldsymbol{x} = \boldsymbol{b}$ の拡大行列を $\tilde{A} = (A \,|\, \boldsymbol{b})$ とすると,方程式 (2.22) が解をもつための必要十分条件は

$$\operatorname{rank} A = \operatorname{rank} \tilde{A}$$

である.さらに $\operatorname{rank} A = \operatorname{rank} \tilde{A} = r$ とすると,$A\boldsymbol{x} = \boldsymbol{b}$ の解の自由度は $n - r$ である.

注意:$\boldsymbol{b} = \boldsymbol{o}$ のとき,上の定理からつぎのことがわかる.
(1) $A\boldsymbol{x} = \boldsymbol{o}$ が自明解のみをもつ $\iff \operatorname{rank} A = n$,
(2) $A\boldsymbol{x} = \boldsymbol{o}$ が自明解以外の解をもつ $\iff \operatorname{rank} A < n$.

例題 2.10 連立 1 次方程式 $\begin{cases} x_1 + x_2 - x_3 + x_4 = 1 \\ 2x_1 - x_2 - 2x_3 + 3x_4 = -1 \\ x_1 + 2x_2 - x_3 - x_4 = -3 \\ -3x_1 - x_2 + 3x_3 + x_4 = 13 \end{cases}$ の解を求めよ.

【解答】 拡大行列をはきだし法で階段行列にする.

$$\begin{pmatrix} 1 & 1 & -1 & 1 & \vdots & 1 \\ 2 & -1 & -2 & 3 & \vdots & -1 \\ 1 & 2 & -1 & -1 & \vdots & -3 \\ -3 & -1 & 3 & 1 & \vdots & 13 \end{pmatrix} \Rightarrow \begin{pmatrix} 1 & 1 & -1 & 1 & \vdots & 1 \\ 0 & -3 & 0 & 1 & \vdots & -3 \\ 0 & 1 & 0 & -2 & \vdots & -4 \\ 0 & 2 & 0 & 4 & \vdots & 16 \end{pmatrix} \Rightarrow$$

$$\begin{pmatrix} 1 & 1 & -1 & 1 & \vdots & 1 \\ & 1 & 0 & -2 & \vdots & -4 \\ & -3 & 0 & 1 & \vdots & -3 \\ & 2 & 0 & 4 & \vdots & 16 \end{pmatrix} \Rightarrow \begin{pmatrix} 1 & 1 & -1 & 1 & \vdots & 1 \\ & 1 & 0 & -2 & \vdots & -4 \\ & 0 & 0 & -5 & \vdots & -15 \\ & 0 & 0 & 8 & \vdots & 24 \end{pmatrix} \Rightarrow$$

$$\begin{pmatrix} 1 & 1 & -1 & 1 & \vdots & 1 \\ & 1 & 0 & -2 & \vdots & -4 \\ & & & 1 & \vdots & 3 \\ & & & 1 & \vdots & 3 \end{pmatrix} \Rightarrow \begin{pmatrix} 1 & 1 & -1 & 1 & \vdots & 1 \\ & 1 & 0 & -2 & \vdots & -4 \\ & & & 1 & \vdots & 3 \\ & & & 0 & \vdots & 0 \end{pmatrix}$$

rank A = rank $\tilde{A} = 3$ なので解は存在する．また，解の自由度は 1 である．3 行目の式から，$x_4 = 3$ であり，これを第 2 式に代入して $x_2 = 2$ を得る．また，$x_3 = c$ とおくと第 1 式より $x_1 = c - 4$ である．ベクトルで表すと

$$\begin{pmatrix} x_1 \\ x_2 \\ x_3 \\ x_4 \end{pmatrix} = \begin{pmatrix} -4 \\ 2 \\ 0 \\ 3 \end{pmatrix} + c \begin{pmatrix} 1 \\ 0 \\ 1 \\ 0 \end{pmatrix}. \qquad \diamondsuit$$

問　題　2.4

問 1. つぎの連立 1 次方程式の解を求めよ．

(1) $\begin{cases} 2x_1 - x_2 + 3x_3 = 1 \\ -3x_1 + 2x_2 - 4x_3 = 2 \\ 3x_1 - 3x_2 + 3x_3 = -9 \end{cases}$
(2) $\begin{cases} x_1 - 2x_2 + x_3 - 3x_4 = 0 \\ 2x_1 + x_2 + 2x_3 - x_4 = 0 \\ 3x_1 + 4x_2 + 3x_3 + x_4 = 0 \\ x_1 + 3x_2 + x_3 + 2x_4 = 0 \end{cases}$

2.4 はきだし法と行列の階数 *

問 2. はきだし法により，つぎの行列の逆行列を求めよ．

(1) $\begin{pmatrix} 4 & 1 \\ -3 & -1 \end{pmatrix}$ (2) $\begin{pmatrix} 1 & -2 & -2 \\ 3 & -4 & -3 \\ -2 & 3 & 1 \end{pmatrix}$ (3) $\begin{pmatrix} 1 & a & 0 & 0 \\ 0 & 1 & a & 0 \\ 0 & 0 & 1 & a \\ 0 & 0 & 0 & 1 \end{pmatrix}$

問 3. つぎの行列のランクを求めよ．ただし，$a \neq 0, b \neq 0$ とする．また，z は複素数とする．

(1) $\begin{pmatrix} a & b & b & b \\ a & b & a & b \\ a & a & b & a \\ b & b & b & a \end{pmatrix}$ (2) $\begin{pmatrix} 1 & z & z^2 \\ z & z^2 & 1 \\ z^2 & 1 & z \end{pmatrix}$

問 4. つぎの連立1次方程式が解をもつように定数 a の値を定め，解を求めよ．

(1) $\begin{cases} x_1 + 2x_2 = 1 \\ -3x_1 + x_2 = 5 \\ 2x_1 - 3x_2 = a \end{cases}$ (2) $\begin{cases} x_1 - 2x_2 + 3x_3 = 3 \\ 3x_1 + x_2 - 2x_3 = 2 \\ 2x_1 + 3x_2 - 5x_3 = a \end{cases}$

(3) $\begin{cases} x_1 + 2x_2 - x_3 + x_4 = 2 \\ 2x_1 + x_2 + x_3 - x_4 = a \\ -x_1 \quad\quad - x_3 + x_4 = 2 \end{cases}$

3 線形空間

3.1 ベクトルの1次独立と1次従属

ここでは，n 次元ユークリッド空間 R^n（1.3 節参照）のベクトルの集合がもつ基本的な性質：1 次独立，1 次従属について考える．同時に，ベクトル以外の集合の元に対しても同様な概念についてふれる．

さて，ベクトル $a_1, a_2, \cdots, a_r$ と実数 $c_1, c_2, \cdots, c_r$ でつくられる式

$$c_1 a_1 + c_2 a_2 + \cdots + c_r a_r \tag{3.1}$$

は $a_1, a_2, \cdots, a_r$ の **1 次結合**（または**線形結合**）と呼ばれる．

定義 3.1（**1 次独立，1 次従属**） R^n の r 個のベクトル $a_1, a_2, \cdots, a_r$ に対して，方程式

$$c_1 a_1 + c_2 a_2 + \cdots + c_r a_r = o \tag{3.2}$$

を満たす実数 c_i $(i = 1, 2, \cdots, r)$ が，自明解：$c_1 = c_2 = \cdots = c_r = 0$ だけのとき，r 個のベクトル $a_1, a_2, \cdots, a_r$ は **1 次独立**であるといい，そうでないとき，すなわち c_i が自明解以外の解をもつとき，$a_1, a_2, \cdots, a_r$ は **1 次従属**であるという．

3.1 ベクトルの1次独立と1次従属

例 3.1 R^3 の基本ベクトル $e_1 = \begin{pmatrix} 1 \\ 0 \\ 0 \end{pmatrix}, e_2 = \begin{pmatrix} 0 \\ 1 \\ 0 \end{pmatrix}, e_3 = \begin{pmatrix} 0 \\ 0 \\ 1 \end{pmatrix}$ は1次独立である.同様に,R^n の基本ベクトル $e_1, e_2, \cdots, e_n$ は1次独立である.

例 3.2 2つのベクトル $\begin{pmatrix} 2 \\ -1 \end{pmatrix}, \begin{pmatrix} -4 \\ 2 \end{pmatrix}$ は1次従属である.また,2つのベクトル $\begin{pmatrix} -1 \\ 2 \\ 3 \end{pmatrix}, \begin{pmatrix} -3 \\ 6 \\ 9 \end{pmatrix}$ は1次従属である.一般に $\boldsymbol{a} // \boldsymbol{b}$ のとき,$\boldsymbol{a}, \boldsymbol{b}$ は1次従属である.なぜならば,$\boldsymbol{a}$ と $\boldsymbol{b}$ は平行なので,$\boldsymbol{a} = k\boldsymbol{b}$(すなわち,$\boldsymbol{a} - k\boldsymbol{b} = \boldsymbol{o}$)と表されるからである.

例題 3.1 $\boldsymbol{a}_1 = \begin{pmatrix} 1 \\ 2 \\ 0 \end{pmatrix}, \boldsymbol{a}_2 = \begin{pmatrix} -2 \\ 1 \\ 3 \end{pmatrix}, \boldsymbol{a}_3 = \begin{pmatrix} 2 \\ -4 \\ 1 \end{pmatrix}, \boldsymbol{a}_4 = \begin{pmatrix} 6 \\ -6 \\ -5 \end{pmatrix}$ について,

(1) $\boldsymbol{u}_1, \boldsymbol{u}_2, \boldsymbol{u}_3$ は1次独立であることを示せ.
(2) $\boldsymbol{a}_2, \boldsymbol{a}_3, \boldsymbol{a}_4$ は1次従属であることを示せ.

【解答】
(1) 式 (3.1) $c_1\boldsymbol{a}_1 + c_2\boldsymbol{a}_2 + c_3\boldsymbol{a}_3 = \boldsymbol{o}$ はつぎのように書ける:

$$\begin{pmatrix} 1 & -2 & 2 \\ 2 & 1 & -4 \\ 0 & 3 & 1 \end{pmatrix} \begin{pmatrix} c_1 \\ c_2 \\ c_3 \end{pmatrix} = \begin{pmatrix} 0 \\ 0 \\ 0 \end{pmatrix} \iff A\boldsymbol{c} = \boldsymbol{o}$$

この連立1次方程式の係数行列 A の行列式は $|A| = 29$ なので,定理 2.9(2) より解は自明解 $\boldsymbol{c} = \boldsymbol{o}$ のみである.よって,$\boldsymbol{a}_1, \boldsymbol{a}_2, \boldsymbol{a}_3$ は1次独立である.

(2) 同様に $c_2\boldsymbol{a}_2 + c_3\boldsymbol{a}_3 + c_4\boldsymbol{a}_4 = \boldsymbol{o}$ はつぎのように書ける：

$$\begin{pmatrix} -2 & 2 & 6 \\ 1 & -4 & -6 \\ 3 & 1 & -5 \end{pmatrix} \begin{pmatrix} c_2 \\ c_3 \\ c_4 \end{pmatrix} = \begin{pmatrix} 0 \\ 0 \\ 0 \end{pmatrix} \iff A\boldsymbol{c} = \boldsymbol{o}$$

$|A| = 0$ なので，$\boldsymbol{c}$ は自明解以外の解をもつ．したがって，$\boldsymbol{a}_2, \boldsymbol{a}_3, \boldsymbol{a}_4$ は1次従属である．1つの解として，$c_2 = 2, c_3 = -1, c_4 = 1$ を選べば $2\boldsymbol{a}_2 - \boldsymbol{a}_3 + \boldsymbol{a}_4 = \boldsymbol{o}$ となる．

この例では，(1) の3つのベクトル $\boldsymbol{a}_1, \boldsymbol{a}_2, \boldsymbol{a}_3$ は幾何学的には同一平面上にはなく，まったく独立に別々の方向を向いている．また，$\boldsymbol{a}_2, \boldsymbol{a}_3, \boldsymbol{a}_4$ は，$\boldsymbol{a}_3 = 2\boldsymbol{a}_2 + \boldsymbol{a}_4$ と書けるので，$\boldsymbol{a}_3$ は $2\boldsymbol{a}_2$ と $\boldsymbol{a}_4$ がつくる平行四辺形の対角線上のベクトルである．すなわち，$\boldsymbol{a}_2, \boldsymbol{a}_3, \boldsymbol{a}_4$ は同一平面上にある． ◇

問 1. $\boldsymbol{a} = \begin{pmatrix} 1 \\ -2 \end{pmatrix}, \boldsymbol{b} = \begin{pmatrix} -3 \\ 1 \end{pmatrix}, \boldsymbol{c} = \begin{pmatrix} 2 \\ 2 \end{pmatrix}$ のとき，$\boldsymbol{a}, \boldsymbol{b}$ は1次独立，$\boldsymbol{a}, \boldsymbol{b}, \boldsymbol{c}$ は1次従属であることを示せ．

問 2. つぎの3つのベクトルが1次従属になるように定数 a の値を定めよ．

(1) $\begin{pmatrix} 1 \\ -2 \\ 3 \end{pmatrix}, \begin{pmatrix} 2 \\ 1 \\ 0 \end{pmatrix}, \begin{pmatrix} 4 \\ -2 \\ a \end{pmatrix}$ (2) $\begin{pmatrix} 1 \\ -3 \\ 2 \\ 1 \end{pmatrix}, \begin{pmatrix} 2 \\ -1 \\ 3 \\ 0 \end{pmatrix}, \begin{pmatrix} 1 \\ a \\ 5 \\ 7 \end{pmatrix}$

1次独立, 1次従属についての基本的な定理を2つあげる．

定理 3.1 もし $\boldsymbol{a}_1, \boldsymbol{a}_2, \cdots, \boldsymbol{a}_n \in \boldsymbol{R}^n$ が1次独立ならば，これらに $\boldsymbol{R}^n$ の任意のベクトル $\boldsymbol{b}$ を加えた $(n+1)$ 個のベクトル $\boldsymbol{a}_1, \boldsymbol{a}_2, \cdots, \boldsymbol{a}_n, \boldsymbol{b}$ は1次従属である．

証明 (i) $\boldsymbol{b} = \boldsymbol{o}$ のとき． $0 \cdot \boldsymbol{a}_1 + 0 \cdot \boldsymbol{a}_2 + \cdots + 0 \cdot \boldsymbol{a}_n + c\boldsymbol{b} = \boldsymbol{o}$（ただし，$c \neq 0$）となるので，$\boldsymbol{a}_1, \boldsymbol{a}_2, \cdots, \boldsymbol{a}_n, \boldsymbol{b}$ は1次従属．

(ii) $\boldsymbol{b} \neq 0$ のとき．$n \times n$ 行列 $A = (\boldsymbol{a}_1 \ \boldsymbol{a}_2 \ \cdots \ \boldsymbol{a}_n)$ とベクトル $\boldsymbol{c} = {}^t(c_1 \ c_2 \ \cdots \ c_n)$ に対して，連立1次方程式 $A\boldsymbol{c} = \boldsymbol{o}$ は自明解（$\boldsymbol{c} = \boldsymbol{o}$）し

かもたないので，定理 2.9 より $|A| \neq 0$ である．このとき，連立 1 次方程式 $c_1\boldsymbol{a}_1 + c_2\boldsymbol{a}_2 + \cdots + c_n\boldsymbol{a}_n - \boldsymbol{b} = \boldsymbol{o}$ $(A\boldsymbol{c} = \boldsymbol{b})$ は，クラメルの公式から自明解以外の解をもつ．よって，$\boldsymbol{a}_1, \boldsymbol{a}_2, \cdots, \boldsymbol{a}_n, \boldsymbol{b}$ は 1 次従属． □

定理 3.2 $\boldsymbol{a}_1, \boldsymbol{a}_2, \cdots, \boldsymbol{a}_m, \boldsymbol{b} \in \boldsymbol{R}^n$ $(m < n)$ とする．もし，$\boldsymbol{a}_1, \boldsymbol{a}_2, \cdots, \boldsymbol{a}_m$ が 1 次独立で，$\boldsymbol{a}_1, \boldsymbol{a}_2, \cdots, \boldsymbol{a}_m, \boldsymbol{b}$ が 1 次従属ならば，$\boldsymbol{b}$ は $\boldsymbol{a}_1, \boldsymbol{a}_2, \cdots, \boldsymbol{a}_m$ の 1 次結合で書ける．

証明　仮定より，すべては零でない係数 $c_1, c_2, \cdots, c_m, k$ が存在して
$$c_1\boldsymbol{a}_1 + c_2\boldsymbol{a}_2 + \cdots + c_m\boldsymbol{a}_m + k\boldsymbol{b} = \boldsymbol{o}$$
を満たす．もし，$k = 0$ とすれば，$\boldsymbol{a}_1, \boldsymbol{a}_2, \cdots, \boldsymbol{a}_m$ が 1 次独立であることに矛盾するので，$k \neq 0$ である．このとき次式を得る：
$$\boldsymbol{b} = -\frac{1}{k}(c_1\boldsymbol{a}_1 + c_2\boldsymbol{a}_2 + \cdots + c_m\boldsymbol{a}_m).$$ □

ユークリッド空間のベクトルの集合に対して 1 次独立および 1 次従属ということを考えてきたが，このような概念は数学的な他の集合についても有用なものである．例えば，つぎのような 2 次以下の多項式全体の集合 V を考える：

$$V = \{\, p(x) \mid p(x) = ax^2 + bx + c, \ a, b, c \in \boldsymbol{R} \,\} \tag{3.3}$$

当然なことであるが，恒等的に零である関数 $p(x) = 0$ も V の元である：$0 \in V$．さて，V には無限個の元 $p(x)$ があるが，r 個の元 $p_1(x), p_2(x), \cdots, p_r(x)$ が 1 次独立であるということを定義 3.1 と同様に考える．すなわち，

$$c_1 p_1(x) + c_2 p_2(x) + \cdots + c_r p_r(x) = 0 \tag{3.4}$$

が恒等的に成り立つのは，$c_1 = c_2 = \cdots = c_r = 0$ のときに限るとき，$p_1(x), p_2(x), \cdots, p_r(x)$ は **1 次独立**，そうでないとき **1 次従属**という．

例題 3.2 集合 V の元に対してつぎのことを示せ．

(1) $p_1(x) = x^2 - 2x$, $p_2(x) = -2x^2 + 4x$ は 1 次従属．

(2) $p_1(x) = x^2$, $p_2(x) = x$, $p_3(x) = 1$ は 1 次独立．

(3) $p_1(x) = x^2+1$, $p_2(x) = x$, $p_3(x) = x^2+x-1$, $p_4(x) = x^2-x$ は1次従属.

【解答】
(1) $2p_1(x) + p_2(x) = 0$ なので, $p_1(x)$, $p_2(x)$ は1次従属.
(2) 恒等式 $c_1 x^2 + c_2 x + c_3 = 0$ が成り立つのは, $c_1 = c_2 = c_3 = 0$ のときのみなので, $x^2, x, 1$ は1次独立.

なお, この3つの関数 $p_1(x) = x^2$, $p_2(x) = x$, $p_3(x) = 1$ により, 集合 V の任意の元 $P(x) = ax^2 + bx + c$ は, $P(x) = ap_1(x) + bp_2(x) + cp_3(x)$ と表される. これは, $\boldsymbol{R}^3$ における任意のベクトル $\boldsymbol{a} = {}^t(a_1\ a_2\ a_3)$ が, 基本ベクトル $\boldsymbol{e}_1, \boldsymbol{e}_2, \boldsymbol{e}_3$ によって $\boldsymbol{a} = a_1\boldsymbol{e}_1 + a_2\boldsymbol{e}_2 + a_3\boldsymbol{e}_3$ と表されることと同じことである.

(3) $c_1 p_1(x) + c_2 p_2(x) + c_3 p_3(x) + c_4 p_4(x) = (c_1 + c_3 + c_4)x^2 + (c_2 + c_3 - c_4)x + c_1 - c_3 = 0$ より, 連立1次方程式

$$\begin{cases} c_1 \phantom{{}+c_2} + c_3 + c_4 = 0 \\ \phantom{c_1 +{}} c_2 + c_3 - c_4 = 0 \\ c_1 \phantom{{}+c_2} - c_3 \phantom{{}+c_4} = 0 \end{cases}$$

を得る. 解の自由度は1で, $c_1 = -1$ とおくと, $c_2 = 3$, $c_3 = -1$, $c_4 = 2$ となる. $-p_1(x) + 3p_2(x) - p_3(x) + 2p_4(x) = 0$ なので $p_1(x), p_2(x), p_3(x), p_4(x)$ は1次従属. ◇

つぎに**微分方程式**の解空間について考える. 微分方程式とは, ある自然現象や1つの工学的現象などから導かれる方程式で, 未知関数の1階以上の導関数を含む式のことをいう. この未知関数(これを微分方程式の**解**と呼ぶ. 一般に解は沢山ある)を求めることがその現象の解明につながる. ここでは, 定数係数の**2階線形微分方程式**

$$y'' + ay' + by = 0 \tag{3.5}$$

の解について考える. 結論を先に述べると, この方程式の解はすべて初等関数で表すことができる.

3.1 ベクトルの1次独立と1次従属　73

例 3.3 微分方程式 $y'' - y = 0$ を満たす解 $y(x)$ をすべて求めよ.

【解答】 $y'' = y$ だから, 2階導関数がもとの関数に等しいということである. そのような関数としては, 微積分の知識から e^x と e^{-x} があることを知っている. これらはもちろん解であるが, これらの線形結合 $y = c_1 e^x + c_2 e^{-x}$ ··· ① も解となる. なぜならば, $y' = c_1 e^x - c_2 e^{-x}$, $y'' = c_1 e^x + c_2 e^{-x} = y$ となり, 与えられた微分方程式を満たすからである. また, 恒等的に零である関数 $y = 0$ も解であることに注意されたい. この解は①の中に含まれている.

さて, この微分方程式の解として, 関数 e^x, e^{-x} 以外の第3の関数は存在しないのだろうか？ この疑問に答えるためには, 微分方程式の"解の存在と一意性"についての理論を学ばなければならない. 結論からいうと, 第3の解は存在しない. ある初期条件を満たす解はただ1つしかない（一意性）ということから, 第3の解が存在したと仮定すると, 1つの初期条件を満たす解が2つあることになり矛盾を生じるためである（下の注意参照せよ）.

したがって, $y'' - y = 0$ の解は式①がすべてである. 任意定数を2つ含むこのような解は, **一般解**と呼ばれている. ◇

注意：微分方程式 (3.5) と**初期条件** $y(a) = b$, $y'(a) = c$ を組にした方程式：

$$\begin{cases} y'' + ay' + by = 0 \\ y(a) = b,\ y'(a) = c \end{cases} \tag{3.6}$$

は**初期値問題**と呼ばれていて, 解はただ1つ存在することが証明されている. すなわち, 点 (a, b) を通り, この点での微分係数が c である解はただ1つであるということがわかっている. 例3.3において, 初期条件 $y(0) = 2$, $y'(0) = 1$ を満たす解を考えよう. ①が初期条件を満たすとき, $c_1 + c_2 = 2$, $c_1 - c_2 = 1$ より, $c_1 = \dfrac{3}{2}$, $c_2 = \dfrac{1}{2}$ を得るので, $y = \dfrac{3}{2} e^x + \dfrac{1}{2} e^{-x}$ ··· ② が解である. 一方, e^x, e^{-x} とは異なる第3の解 $u(x)$ があったと仮定しよう. このとき, $y = c_1 e^x + c_2 e^{-x} + c_3 u(x)$ は例3.3の解であり, 初期条件を満たす解は $c_1 + c_2 + c_3 u(0) = 2$, $c_1 - c_2 + c_3 u'(0) = 1$ を満たす. この連立1次方程式は, $u(0)$, $u'(0)$ が共に0かそうでないかにかかわらず, $c_3 \neq 0$ なる解をもつ. よって, 上の初期条件を満たす解が2つ（②と $y = c_1 e^x + c_2 e^{-x} + c_3 u(x)$ の形の解）あることになり解の一意性に矛盾する.

例題 3.3 微分方程式 $y'' - y = 0$ の解空間 $W = \{\, y(x) \mid y'' - y = 0 \,\}$ について,

(1) $y_1(x) = e^x$, $y_2(x) = e^{-x}$ は1次独立であることを示せ.

(2) $y_1(x) = e^x + e^{-x}$, $y_2(x) = e^x - e^{-x}$ は 1 次独立であることを示せ.

(3) $y_1(x) = e^x$, $y_2(x) = e^x + 2e^{-x}$, $y_3(x) = -5e^x + 3e^{-x}$ は 1 次従属であることを示せ.

【解答】

(1) 2 つの関数が 1 次独立か否かは式 (3.4) で示した方法で判定する．恒等的に $c_1 e^x + c_2 e^{-x} = 0$ $\cdots$ ① が成り立つのは $c_1 = c_2 = 0$ のときしかないのは明らかなのであるが，ここでは背理法で証明する．

e^x と e^{-x} が 1 次従属と仮定すると，$(c_1, c_2) \neq (0,0)$ があって，式 ① を満たす．このとき，式 ① の両辺を微分した式も成り立つので，$c_1 e^x - c_2 e^{-x} = 0$ $\cdots$ ②   ①, ②の連立 1 次方程式：

$$\begin{cases} e^x c_1 + e^{-x} c_2 = 0 \\ e^x c_1 - e^{-x} c_2 = 0 \end{cases}$$

は，自明解以外の解をもつので係数行列の行列式は 0 でなければならない．しかし，$\begin{vmatrix} e^x & e^{-x} \\ e^x & -e^{-x} \end{vmatrix} = -1 - 1 = -2 \neq 0$ なので矛盾である（定理 2.9 に対して）．したがって，e^x, e^{-x} は 1 次独立である．

われわれはすでに $y'' - y = 0$ の一般解は $y = c_1 e^x + c_2 e^{-x}$ であることを知っている．すなわち，任意の解は 1 次独立な 2 つの解 e^x, e^{-x} の 1 次結合で表されるのである．

(2) (1) と同様の考えで，

$$\begin{vmatrix} e^x + e^{-x} & e^x - e^{-x} \\ e^x - e^{-x} & e^x + e^{-x} \end{vmatrix} = (e^x + e^{-x})^2 - (e^x - e^{-x})^2 = 4 \neq 0$$

なので，$e^x + e^{-x}$, $e^x - e^{-x}$ は 1 次独立である．

(1) と同様に，任意の解 $y = ae^x + be^{-x}$ はこの 1 次独立な解の 1 次結合で書ける： $y = ae^x + be^{-x} = \dfrac{a+b}{2}(e^x + e^{-x}) + \dfrac{a-b}{2}(e^x - e^{-x})$.

(3) $c_1 y_1(x) + c_2 y_2(x) + c_3 y_3(x) = (c_1 + c_2 - 5c_3) e^x + (2c_2 + 3c_3) e^{-x} = 0$ より，連立 1 次方程式

$$\begin{cases} c_1 + c_2 - 5c_3 = 0 \\ 2c_2 + 3c_3 = 0 \end{cases}$$

の解として $c_1 = 13$, $c_2 = -3$, $c_3 = 2$ を得る．よって，$y_1(x)$, $y_2(x)$, $y_3(x)$ は 1 次従属である． ◇

上の (1), (2) で用いた 2 つの関数が 1 次独立か否かを判定した行列式

$\begin{vmatrix} y_1(x) & y_2(x) \\ y_1'(x) & y_2'(x) \end{vmatrix}$ はロンスキー行列式と呼ばれ，$W(x)$ と書かれる．より

一般に，k 個の関数 $y_1(x), y_2(x), \cdots, y_k(x)$ が 1 次独立か否かを判定するロンスキー行列式は

$$W(x) = \begin{vmatrix} y_1(x) & y_2(x) & \cdots & y_k(x) \\ y_1'(x) & y_2'(x) & \cdots & y_k'(x) \\ & & \cdots & \\ y_1^{(k-1)}(x) & y_2^{(k-1)}(x) & \cdots & y_k^{(k-1)}(x) \end{vmatrix} \tag{3.7}$$

であり，つぎの結果がわかっている（証明は略す）．

定理 3.3 ある区間 I で定義された k 個の関数 $y_1(x), y_2(x), \cdots, y_k(x)$ のロンスキー行列式が，I 上で $W(x) \neq 0$ （恒等的に 0 でない）ならば，$y_1(x), y_2(x), \cdots, y_k(x)$ は 1 次独立である．

注意： $y_1(x), y_2(x), \cdots, y_k(x)$ が k 階線形微分方程式

$$y^{(k)} + a_{k-1} y^{(k-1)} + \cdots + a_1 y' + a_0 y = 0 \tag{3.8}$$

の解のとき，つぎのことがわかっている：
(1) ロンスキー行列式 $W(x)$ が少なくとも 1 点 x_0 で 0 ならば，それはすべての点 x で 0 になる．
(2) ロンスキー行列式 $W(x)$ が少なくとも 1 点 x_0 で 0 ならば，k 個の解は 1 次従属である．
(3) 方程式 (3.8) の k 個の解 $y_1(x), y_2(x), \cdots, y_k(x)$ が 1 次独立であるための必要十分条件は，$W(x)$ が少なくとも 1 点 x_0 で 0 でないことである．

問 3. 1 階微分方程式 $y' = \lambda y$ （λ は実数）について，

(1) 恒等的に 0 でない 1 つの解を求めよ．

(2) すべての解（一般解）を求めよ．

問 4. 微分方程式 $y'' + y = 0$ について，

(1) $y_1 = \sin x, y_2 = \cos x$ は共に解であることを示せ．

(2) $y_1 = \sin x, y_2 = \cos x$ は 1 次独立であることを示せ．

(3) 初期条件 $y(0) = 2, y'(0) = -1$ を満たす解を求めよ．

問 5. つぎの関数は 1 次独立か 1 次従属か答えよ．

(1) $\log x, \ \log x^2$ (2) $\sin 2x, \ \cos x, \ x \cos x$ (3) $1, e^x, e^{2x}$

さて，ここで微分方程式 (3.5) の解について考えよう．経験的に解は指数関数であることが予想できるので，解を $y = e^{\lambda x}$ とおく．$y' = \lambda e^{\lambda x}, y'' = \lambda^2 e^{\lambda x}$ を (3.5) に代入すると，$\lambda^2 e^{\lambda x} + a \lambda e^{\lambda x} + b e^{\lambda x} = 0$ となる．$e^{\lambda x} \neq 0$ だから

$$\lambda^2 + a\lambda + b = 0 \tag{3.9}$$

を得る．この 2 次方程式は微分方程式 (3.5) の**特性方程式**と呼ばれている．結局，もし $y = e^{\lambda x}$ が式 (3.5) の解ならば，特性方程式を満たす．また逆に，特性方程式を満たす λ に対して $y = e^{\lambda x}$ は式 (3.5) の解になることがわかる．

2 次方程式 (3.9) の**根**（解のこと）は，その判別式 $D = a^2 - 4b$ の符号により；(i) 異なる 2 つの実数根 α, β, (ii) 重根 $\alpha = -\dfrac{a}{2}$, (iii) 虚数根 $p \pm qi$, の 3 つの場合に分類される．

(ii) の場合，$e^{\alpha x}$ は当然解であるが，これと独立なもう 1 つの解はなんであろうか？ 答は $y = xe^{\alpha x}$ である．なぜならば $y' = (\alpha x + 1)e^{\alpha x}, y'' = (\alpha^2 x + 2\alpha)e^{\alpha x}$ を式 (3.5) に代入すると

$$y'' + ay' + by = (\alpha^2 + a\alpha + b)xe^{\alpha x} + (2\alpha + a)e^{\alpha x} = 0$$

となるからである．

また，(iii) の場合，$e^{(p+qi)x}, e^{(p-qi)x}$ は共に式 (3.5) の解である．しかし，これらは複素数の関数なので，これらから実数関数の解を構成する．よく知られている**オイラーの公式**：

$$e^{i\theta} = \cos\theta + i\sin\theta \quad (\theta は実数) \tag{3.10}$$

を用いると，$e^{(p+iq)x} = e^{px}(\cos qx + i \sin qx)$ であり，

$$\frac{e^{(p+iq)x} + e^{(p-iq)x}}{2} = e^{px}\cos qx, \quad \frac{e^{(p+iq)x} - e^{(p-iq)x}}{2i} = e^{px}\sin qx$$

となるので，$e^{px}\cos qx$ と $e^{px}\sin qx$ はやはり式 (3.5) の解である（2つの解の線形結合はやはり解だから上のような変形を行った式も解である）．以上からつぎの定理を得る．

定理 3.4 微分方程式 $y'' + ay' + by = 0$ の一般解は，特性方程式 (3.9) の根に依存してつぎのように表される．

(1) 特性方程式が2つの異なる実数根 α, β をもつとき，
一般解は $y = c_1 e^{\alpha x} + c_2 e^{\beta x}$.

(2) 特性方程式が重根 α をもつとき，一般解は $y = (c_1 + c_2 x)e^{\alpha x}$.

(3) 特性方程式が虚数根 $p \pm qi$ をもつとき，
一般解は $y = e^{px}(c_1 \cos qx + c_2 \sin qx)$.

問 6. 上の定理における関数の組 $\{e^{\alpha x}, e^{\beta x}\}$，$\{e^{\alpha x}, xe^{\alpha x}\}$ および $\{e^{px}\cos qx, e^{px}\sin qx\}$ は1次独立であることを示せ．

注意：微分方程式 (3.5) の2つの解 $y_1(x), y_2(x)$ が1次独立のとき，$y_1(x), y_2(x)$ は**基本解**と呼ばれる．一般に，k 階線形微分方程式 (3.8) の基本解は k 個の関数からなり，それらの1次結合が一般解となる．

例題 3.4 微分方程式の解空間 $W = \{y(x) \mid y'' + 2y' + 5y = 0\}$ について，

(1) 2つの基本解を求めよ．また，それらは1次独立であることを示せ．

(2) 初期条件 $y(0) = 2, y'(0) = -4$ を満たす解を求め，$x \to \infty$ のときの解の挙動を示せ．

【解答】

(1) 特性方程式は $\lambda^2 + 2\lambda + 5 = 0$ だから，$\lambda = -1 \pm 2i$. したがって基本解は $y_1(x) = e^{-x}\cos 2x$, $y_2(x) = e^{-x}\sin 2x$. これらが1次独立であることは

$$\begin{vmatrix} y_1(0) & y_2(0) \\ y_1'(0) & y_2'(0) \end{vmatrix} = \begin{vmatrix} e^{-x}\cos 2x & e^{-x}\sin 2x \\ -e^{-x}(\cos 2x + 2\sin 2x) & e^{-x}(2\cos 2x - \sin 2x) \end{vmatrix}_{x=0}$$

$$= \begin{vmatrix} 1 & 0 \\ -1 & 2 \end{vmatrix} = 2 \neq 0$$

より明らか．

(2) 一般解は $y(x) = e^{-x}(c_1\cos 2x + c_2\sin 2x)$ なので，$y(0) = 2$ より $c_1 = 2$, $y'(0) = -4$ より $c_2 = -1$ を得る．よって，初期値問題の解は $y(x) = e^{-x}(2\cos 2x - \sin 2x)$. 明らかに，$y(x) \to 0$ $(x \to \infty$ のとき$)$． ◇

問　題　3.1

問1. つぎのベクトル（左から $\boldsymbol{a}_1, \boldsymbol{a}_2, \boldsymbol{a}_3$ とおく）は1次独立か1次従属か答えよ．1次従属のとき，3つのベクトルが満たす関係式 $c_1\boldsymbol{a}_1 + c_2\boldsymbol{a}_2 + c_3\boldsymbol{a}_3 = \boldsymbol{o}$ を求めよ．

(1) $\begin{pmatrix} 2 \\ 1 \end{pmatrix}, \begin{pmatrix} -1 \\ 5 \end{pmatrix}, \begin{pmatrix} 3 \\ 2 \end{pmatrix}$ 　(2) $\begin{pmatrix} 1 \\ -2 \\ 0 \end{pmatrix}, \begin{pmatrix} 4 \\ -5 \\ 2 \end{pmatrix}, \begin{pmatrix} 8 \\ -7 \\ 6 \end{pmatrix}$

(3) $\begin{pmatrix} 5 \\ 1 \\ 2 \end{pmatrix}, \begin{pmatrix} 1 \\ -1 \\ 1 \end{pmatrix}, \begin{pmatrix} 3 \\ 0 \\ -1 \end{pmatrix}$

問2. (1) $\boldsymbol{a}, \boldsymbol{b}$ が1次独立のとき，$\boldsymbol{a}+\boldsymbol{b}, \boldsymbol{a}-\boldsymbol{b}$ は1次独立であることを示せ．

(2) $\boldsymbol{a}, \boldsymbol{b}, \boldsymbol{c}$ が1次独立のとき，$\boldsymbol{a}, \dfrac{\boldsymbol{a}+\boldsymbol{b}}{2}, \dfrac{\boldsymbol{a}+\boldsymbol{b}+\boldsymbol{c}}{3}$ は1次独立であることを示せ．

問3. 3次以下の多項式全体の集合を P_3 とおく：

$$P_3 = \{\, p(x) \mid p(x) = ax^3 + bx^2 + cx + d, \ a, b, c, d \in \boldsymbol{R}\,\}$$

(1) P_3 の元で，4つの関数 $p_1(x), p_2(x), p_3(x), p_4(x)$ が1次独立であるような例をあげよ．

(2) $1+x^2,\ x-x^3,\ 2-x,\ x^3+x^2-2x+3$ は1次独立か1次従属か答えよ.

問 4. つぎの微分方程式について,基本解および一般解を求めよ.
(1) $y''-5y'+6y=0$ (2) $y''+4y'+4y=0$
(3) $y''+4y'+13y=0$ (4) $y^{(3)}-3y''+4y=0$

問 5. 2×2 行列の集合を M_2 とする:
$$M_2=\left\{\ A\ \bigg|\ A=\begin{pmatrix} a & b \\ c & d \end{pmatrix},\ a,b,c,d\in\boldsymbol{R}\ \right\}$$

つぎの M_2 の各元は1次独立か1次従属か答えよ.

(1) $A_1=\begin{pmatrix} 1 & 2 \\ 0 & -1 \end{pmatrix},\ A_2=\begin{pmatrix} -3 & -6 \\ 0 & 3 \end{pmatrix},\ A_3=\begin{pmatrix} -1 & 0 \\ 2 & 1 \end{pmatrix}$

(2) $A_1=\begin{pmatrix} 1 & 0 \\ 0 & 0 \end{pmatrix},\ A_2=\begin{pmatrix} 0 & 1 \\ 0 & 0 \end{pmatrix},\ A_3=\begin{pmatrix} 0 & 0 \\ 1 & 0 \end{pmatrix}\ A_4=\begin{pmatrix} 0 & 0 \\ 0 & 1 \end{pmatrix}$

(3) $A_1=\begin{pmatrix} 1 & 0 \\ 0 & 0 \end{pmatrix},\ A_2=\begin{pmatrix} 1 & 1 \\ 0 & 0 \end{pmatrix},\ A_3=\begin{pmatrix} 1 & 1 \\ 1 & 0 \end{pmatrix}\ A_4=\begin{pmatrix} 1 & 1 \\ 1 & 1 \end{pmatrix}$

注意:r 個の行列 $A_1,A_2,\cdots,A_r$ が1次独立とは,O を零行列として

$c_1A_1+c_2A_2+\cdots+c_rA_r=O$

が成り立つのは $c_1=c_2=\cdots=c_r=0$ のときに限るときである.1次独立でないとき1次従属という.

3.2 線 形 空 間

前節では,ベクトルの集合,多項式の集合および微分方程式の解空間などを扱い,それらの元の1次独立・1次従属性について学んだ.ここでは,一見異なると思われるさまざまな集合あるいは空間が線形空間という1つの空間で説明できることを示す.われわれが扱う集合は,ベクトルや行列または関数の集合であったりするので,集合のこのような元をドイツ文字 $\mathfrak{a},\mathfrak{b},\mathfrak{c}$ または $\mathfrak{x},\mathfrak{y},\mathfrak{z}$(これは英文字の x,y,z に対応する)などで表すことにする.また,集合 K

は実数全体 $\boldsymbol{R}$ または複素数全体 $\boldsymbol{C}$ を表すものとする．いま，1つの集合を V とし，$\mathfrak{x}, \mathfrak{y}, \mathfrak{z}$ などは V の元とする．

定義 3.2 （**線形空間またはベクトル空間**） 集合 V がつぎの 2 条件（Ⅰ），（Ⅱ）を満たすとき，K 上の**線形空間またはベクトル空間**という．

（Ⅰ） V の 2 元 $\mathfrak{x}, \mathfrak{y}$ に対して**和**と呼ばれる元（これを $\mathfrak{x}+\mathfrak{y}$ と書く）が定まり $\mathfrak{x}+\mathfrak{y} \in V$ であって，つぎの法則が成り立つ：

(1) $(\mathfrak{x}+\mathfrak{y})+\mathfrak{z} = \mathfrak{x}+(\mathfrak{y}+\mathfrak{z})$ （結合法則），

(2) $\mathfrak{x}+\mathfrak{y} = \mathfrak{y}+\mathfrak{x}$ （交換法則），

(3) **零元**（または**零ベクトル**）と呼ばれる特別な元（これを $\mathfrak{o}$ と書く）が V にただ一つ存在し，任意の $\mathfrak{x} \in V$ に対して，$\mathfrak{o}+\mathfrak{x}=\mathfrak{x}$ が成り立つ，

(4) V の任意の元 $\mathfrak{x}$ に対し，$\mathfrak{x}+\mathfrak{x}'=\mathfrak{o}$ となる V の元 $\mathfrak{x}'$ がただ 1 つ存在する．これを $\mathfrak{x}$ の**逆元**（または**逆ベクトル**）といい，$-\mathfrak{x}$ で表す．

（Ⅱ） V の任意の元 $\mathfrak{x}$ と任意の数 $c \in K$ に対し，$\mathfrak{x}$ の c 倍と呼ばれる 1 つの元（これを $c\mathfrak{x}$ とかく）が定まり $c\mathfrak{x} \in V$ であって，つぎの法則が成り立つ：

(5) $(c+d)\mathfrak{x} = c\mathfrak{x}+d\mathfrak{x}$ ($d \in K$)，

(6) $c(\mathfrak{x}+\mathfrak{y}) = c\mathfrak{x}+c\mathfrak{y}$,

(7) $(cd)\mathfrak{x} = c(d\mathfrak{x})$,

(8) $1\mathfrak{x} = \mathfrak{x}$.

注意：$K = \boldsymbol{R}$ のとき V を**実線形空間**といい，$K = \boldsymbol{C}$ のとき**複素線形空間**という．今後は特に断わらないかぎり $K = \boldsymbol{R}$ とする．

例 3.4 2 次元ベクトル全体 $\boldsymbol{R}^2 = \left\{ \begin{pmatrix} a_1 \\ a_2 \end{pmatrix} \;\middle|\; a_1, a_2 \in \boldsymbol{R} \right\}$ はベクト

の和とスカラー倍に対して線形空間となる．同様に R^n も線形空間である．零元は零ベクトル o, ベクトル a の逆元は $-a$ とすればよい．

例 3.5 問題 3.1 の問 5. の 2×2 行列全体：

$$M_2 = \left\{ A \ \middle| \ A = \begin{pmatrix} a & b \\ c & d \end{pmatrix}, \ a, b, c, d \in R \right\}$$

は，行列の和とスカラー倍に関して線形空間となる．零元は零行列 O, A の逆元は $-A$ である．

問 7. つぎの数列の集合は線形空間であることを示せ．

$$V_1 = \{\ \{x_n\} \ |\ x_{n+1} = r x_n \quad (n = 0, 1, 2, \cdots), \ r \text{ は } 0 \text{ でない定数}\ \}$$
$$V_2 = \{\ \{x_n\} \ |\ x_{n+2} - 5 x_{n+1} + 6 x_n = 0 \quad (n = 0, 1, 2, \cdots)\ \}$$

定義 3.3 (**部分空間**) K 上の線形空間 V の空集合でない部分集合 W が V における和とスカラー倍の演算について閉じているとき，すなわち

(1) $\mathfrak{a}, \mathfrak{b} \in W$ ならば $\mathfrak{a} + \mathfrak{b} \in W$ ，

(2) $\mathfrak{a} \in W, \ c \in K$ ならば $c\mathfrak{a} \in W$

が成り立つとき，W を V の**部分空間**という．

注意：線形空間 V 自身および零元のみからなる空間 $\{\mathfrak{o}\}$ は共に V の部分空間である．

例 3.6 集合 $W = \left\{ \begin{pmatrix} x \\ y \end{pmatrix} \ \middle| \ x + 2y = 0 \right\}$ は R^2 の部分空間である．なぜならば，$u = \begin{pmatrix} 2u \\ -u \end{pmatrix}, \ v = \begin{pmatrix} 2v \\ -v \end{pmatrix} \in W$ に対して，$u + v =$

$$\begin{pmatrix} 2(u+v) \\ -(u+v) \end{pmatrix} \in W. \quad \text{また,} \quad c\boldsymbol{u} = \begin{pmatrix} 2cu \\ -cu \end{pmatrix} \in W.$$

問 8. 集合 $W = \left\{ A \mid A = \begin{pmatrix} a & b \\ 0 & c \end{pmatrix}, a, b, c \in \boldsymbol{R} \right\}$ は M_2 の部分空間であることを示せ.

問 9. 線形空間 V の部分空間 W はまた線形空間であることを示せ.

定義 3.4 線形空間 V の有限個の元 $\mathfrak{b}_1, \mathfrak{b}_2, \cdots, \mathfrak{b}_m$ がつぎの 2 条件を満たすとき,$\mathfrak{b}_1, \mathfrak{b}_2, \cdots, \mathfrak{b}_m$ は V の**基底**であるという:

(1) $\mathfrak{b}_1, \mathfrak{b}_2, \cdots, \mathfrak{b}_m$ は 1 次独立である,

(2) V の任意の元 $\mathfrak{a}$ は $\mathfrak{b}_1, \mathfrak{b}_2, \cdots, \mathfrak{b}_m$ の 1 次結合として表される.
すなわち,$c_i \in K \ (i = 1, 2, \cdots, m)$ に対して
$$\mathfrak{a} = c_1 \mathfrak{b}_1 + c_2 \mathfrak{b}_2 + \cdots + c_m \mathfrak{b}_m.$$

また,基底の個数 m を線形空間 V の**次元**といい,$m = \dim V$ と書く.

さらに,$\mathfrak{b}_1, \mathfrak{b}_2, \cdots, \mathfrak{b}_m$ が V の基底のとき,V は $\mathfrak{b}_1, \mathfrak{b}_2, \cdots, \mathfrak{b}_m$ によって**張られる**(または**生成される**)空間と呼ばれ,

$$V = \langle \mathfrak{b}_1, \mathfrak{b}_2, \cdots, \mathfrak{b}_m \rangle \tag{3.11}$$

と表される.

注意:V の基底を構成する元が有限個でないとき,V は**無限次元**であるというが,この教科書では無限次元空間は扱わない.また,零元のみからなる空間の次元については $\dim\{\mathfrak{o}\} = 0$ とする.

例 3.7 $\boldsymbol{R}^3$ の任意のベクトル $\boldsymbol{x} = {}^t(x_1 \ x_2 \ x_3)$ は

$$\boldsymbol{x} = \begin{pmatrix} x_1 \\ x_2 \\ x_3 \end{pmatrix} = x_1 \begin{pmatrix} 1 \\ 0 \\ 0 \end{pmatrix} + x_2 \begin{pmatrix} 0 \\ 1 \\ 0 \end{pmatrix} + x_3 \begin{pmatrix} 0 \\ 0 \\ 1 \end{pmatrix} = x_1 \boldsymbol{e}_1 + x_2 \boldsymbol{e}_2 + x_3 \boldsymbol{e}_3$$

と表されるので，e_1, e_2, e_3 は線形空間 $\boldsymbol{R}^3$ の基底で，次元は 3 である．

また，任意のベクトル $\boldsymbol{x}$ はつぎのように表現することもできる：

$$\boldsymbol{x} = \begin{pmatrix} x_1 \\ x_2 \\ x_3 \end{pmatrix} = (x_1 - x_2)\begin{pmatrix} 1 \\ 0 \\ 0 \end{pmatrix} + (x_2 - x_3)\begin{pmatrix} 1 \\ 1 \\ 0 \end{pmatrix} + x_3\begin{pmatrix} 1 \\ 1 \\ 1 \end{pmatrix}.$$

このとき，3つのベクトル $\begin{pmatrix} 1 \\ 0 \\ 0 \end{pmatrix}, \begin{pmatrix} 1 \\ 1 \\ 0 \end{pmatrix}, \begin{pmatrix} 1 \\ 1 \\ 1 \end{pmatrix}$ はやはり $\boldsymbol{R}^3$ の基底である．

このことから，基底の選び方は一通りではないことがわかる．

1つの集合

$$W = \left\{ \begin{pmatrix} x_1 \\ x_2 \\ x_3 \end{pmatrix} \;\middle|\; x_1 + 2x_2 - 3x_3 = 0 \right\}$$

は $\boldsymbol{R}^3$ の部分空間である．W の任意のベクトルは $x_2 = t, x_3 = s$ とおくと

$$\begin{pmatrix} -2t + 3s \\ t \\ s \end{pmatrix} = t\begin{pmatrix} -2 \\ 1 \\ 0 \end{pmatrix} + s\begin{pmatrix} 3 \\ 0 \\ 1 \end{pmatrix}$$

と表されるので，$\begin{pmatrix} -2 \\ 1 \\ 0 \end{pmatrix}, \begin{pmatrix} 3 \\ 0 \\ 1 \end{pmatrix}$ は W の基底であり，$\dim W = 2$ である．

W の基底も一通りではないことに注意せよ．幾何学的には，原点を通る平面：$x_1 + 2x_2 - 3x_3 = 0$ 上にあるベクトルの集合が W であり，基底である2つのベクトル ${}^t(\,-2\ 1\ 0), {}^t(\,3\ 0\ 1)$ は，この平面上の1次独立なベクトルである．

例題 3.5 微分方程式の解空間：

$$V = \{\ y(x)\ |\ y^{(3)} - 3y' + 2y = 0\ \}$$

について，

(1) V は線形空間であることを示せ．
(2) V の基底と次元を求めよ．
(3) V の部分空間で，次元 1 と次元 2 のものをそれぞれ 1 つ示せ．

【解答】

(1) $y_1, y_2 \in V$ のとき，
$(y_1+y_2)^{(3)} - 3(y_1+y_2)' + 2(y_1+y_2) = (y_1^{(3)} - 3y_1' + 2y_1) + (y_2^{(3)} - 3y_2' + 2y_2) = 0$
となるので，$y_1 + y_2 \in V$. V の元は x の関数なので，定義 3.2 の (1), (2) が成り立つのは明らか．零元は $y = 0$，解 y の逆元は $-y$ でありこれも V の元である．任意の $c \in K$ と解 y に対して，cy が解になることは明らか．また，(5)〜(8) も成り立つので，V は線形空間である．

(2) 特性方程式は $\lambda^3 - 3\lambda + 2 = 0$. 因数分解して $(\lambda+2)(\lambda-1)^2 = 0$ だから，$\lambda = -2, 1$（重根）．したがって一般解は $y = c_1 e^{-2x} + (c_2 + c_3 x)e^x$ となるので e^{-2x}, e^x, xe^x は 1 つの基底である．なお，これらの関数が 1 次独立であることは

$$\begin{vmatrix} e^{-2x} & e^x & xe^x \\ -2e^{-2x} & e^x & (1+x)e^x \\ 4e^{-2x} & e^x & (2+x)e^x \end{vmatrix}_{x=0} = \begin{vmatrix} 1 & 1 & 0 \\ -2 & 1 & 1 \\ 4 & 1 & 2 \end{vmatrix} = \begin{vmatrix} 1 & 0 & 0 \\ -2 & 3 & 1 \\ 4 & -3 & 2 \end{vmatrix} = 9 \neq 0$$

より明らかである．また，$\dim V = 3$.

(3) 例えば，次元 1 の部分空間として $W_1 = \langle e^{-2x} \rangle = \{\ ce^{-2x}\ \}$，次元 2 の部分空間として $W_2 = \langle e^x, xe^x \rangle = \{\ c_1 e^x + c_2 xe^x\ \}$ を選ぶことができる．このとき，V は W_1 と W_2 の基底によって張られる空間になっている：

$$V = \langle\ e^{-2x}, e^x, xe^x\ \rangle.$$

すなわち，V の任意の元は W_1, W_2 の元の和として一意的に表される．このようなとき，V は W_1 と W_2 の**直和**であるといい，$V = W_1 \oplus W_2$ と表す． ◇

注意：$W_1, W_2, \cdots, W_k$ は線形空間 V の部分空間とする．V の任意の元 $\mathfrak{a}$ に対して，元 $\mathfrak{a}_1 \in W_1, \mathfrak{a}_2 \in W_2, \cdots, \mathfrak{a}_k \in W_k$ が一意に定まって，$\mathfrak{a} = \mathfrak{a}_1 +$

$\mathfrak{a}_2 + \cdots + \mathfrak{a}_k$ と表されるとき，V は $W_1, W_2, \cdots, W_k$ の**直和**であるといい，$V = W_1 \oplus W_2 \oplus \cdots \oplus W_k$ と書く．このとき，つぎのことが成り立つのは明らかである：

(1) 任意の i, j $(i \neq j)$ に対して $W_i \cap W_j = \{\mathfrak{o}\}$,
(2) $\dim V = \dim W_1 + \dim W_2 + \cdots + \dim W_k$.

最後に，線形空間がもつ基本性質をまとめておく（証明は読者に任せる）．

定理 3.5 線形空間 V について，つぎの命題が成り立つ．

(1) $V \neq \{\mathfrak{o}\}$ のとき，$\mathfrak{b}_1, \mathfrak{b}_2, \cdots, \mathfrak{b}_r \in V$ が 1 次独立ならば，これに何個かの元を付け加えることにより V の基底が得られる．

(2) V が n 個の元からなる基底をもつならば，n 個より多くの元は 1 次従属である．特に，V の任意の基底は n 個の元よりなる．

(3) W_1, W_2 が V の部分空間ならば，共通部分 $W_1 \cap W_2$ も V の部分空間である．

問 題 3.2

問 1. つぎの集合は $\boldsymbol{R}^3$ の基底になるか答えよ．

(1) $\left\{ \begin{pmatrix} -1 \\ 0 \\ 1 \end{pmatrix}, \begin{pmatrix} 2 \\ 5 \\ 1 \end{pmatrix}, \begin{pmatrix} 0 \\ -4 \\ 3 \end{pmatrix} \right\}$ (2) $\left\{ \begin{pmatrix} 1 \\ -3 \\ -2 \end{pmatrix}, \begin{pmatrix} -3 \\ 1 \\ 3 \end{pmatrix}, \begin{pmatrix} 1 \\ 5 \\ 1 \end{pmatrix} \right\}$

問 2. 式 (3.3) の表す線形空間を P_2 とおくとき，つぎの集合は P_2 の基底になるか答えよ．

(1) $\{ 1 + x - 2x^2,\ 2 + x - 2x^2,\ 1 - 2x + 4x^2 \}$
(2) $\{ 1 - 2x - 2x^2,\ 2 - 3x + x^2,\ -1 + x - 6x^2 \}$

問 3. つぎの線形空間の次元を求め，可能ならば基底を 2 組求めよ．

(1) $V = \left\{ \begin{pmatrix} x \\ y \\ z \end{pmatrix} \ \middle|\ x - 2y + z = 0 \right\}$,

(2) $P = \{\ p(x)\ |\ p(x) = ax^3 + bx + c,\ a, b, c \in \boldsymbol{R}\ \}$,
(3) $B = \{\ y(x)\ |\ y'' + y' - 2y = 0\ \}$,
(4) $S = \{\ \{x_n\}\ |\ x_{n+2} - 3x_{n+1} + 2x_n = 0,\ n = 0, 1, 2, \cdots\ \}$,
(5) $T = \left\{\ A\ \middle|\ A = \begin{pmatrix} a & 0 \\ b & c \end{pmatrix},\ a, b, c \in \boldsymbol{R}\ \right\}$.

問 4. 成分がすべて実数である $n \times n$ 行列の集合を M_n とする．つぎの各集合は M_n の部分空間であることを示し，その次元と 1 組の基底を求めよ．

$$W_1 = \{\ A \in M_n\ |\ A = {}^t\!A\ \}, \qquad (対称行列)$$
$$W_2 = \{\ A \in M_n\ |\ A = -{}^t\!A\ \}. \qquad (交代行列)$$

問 5. $\boldsymbol{R}^3$ の部分空間

$$W_1 = \left\{ \begin{pmatrix} x \\ y \\ z \end{pmatrix} \ \middle|\ 2x + y - 3z = 0 \right\},\ W_2 = \left\{ \begin{pmatrix} x \\ y \\ z \end{pmatrix} \ \middle|\ x = 2y \right\},$$

$$W_3 = \left\{ \begin{pmatrix} x \\ y \\ z \end{pmatrix} \ \middle|\ x = y = -z \right\}$$

に対して，$W_4 = W_1 \cap W_2$ とおく．
(1) $\dim W_1,\ \dim W_2,\ \dim W_3$ を求めよ．
(2) W_4 の次元と基底を求めよ．
(3) $\boldsymbol{R}^3 = W_1 \oplus W_3$ となることを示せ．

問 6. （グラム・シュミットの直交化法） $\boldsymbol{R}^n$ の基底 $\{\ \boldsymbol{u}_1, \boldsymbol{u}_2, \cdots, \boldsymbol{u}_n\ \}$ が $|\boldsymbol{u}_i| = 1\ (i = 1, 2, \cdots, n)$ で，かつ任意の $i, j\ (i \neq j)$ に対して，$(\boldsymbol{u}_i, \boldsymbol{u}_j) = 0$（内積 0）を満たすとき，$\{\ \boldsymbol{u}_1, \boldsymbol{u}_2, \cdots, \boldsymbol{u}_n\ \}$ は正規直交基底と呼ばれる．例えば，基本ベクトルからなる基底 $\{\ \boldsymbol{e}_1, \boldsymbol{e}_2, \cdots, \boldsymbol{e}_n\ \}$ は $\boldsymbol{R}^n$ の正規直交基底である．

(1) $\boldsymbol{R}^n$ の 1 組の基底 $\{\ \boldsymbol{v}_1, \boldsymbol{v}_2, \cdots, \boldsymbol{v}_n\ \}$ に対して，つぎのようにしてつくられる $\{\ \boldsymbol{u}_1, \boldsymbol{u}_2, \cdots, \boldsymbol{u}_n\ \}$ は正規直交基底であることを示せ．

$$\boldsymbol{u}_1 = \frac{1}{|\boldsymbol{v}_1|}\boldsymbol{v}_1 \quad \text{として} \quad \boldsymbol{u}'_k = \boldsymbol{v}_k - \sum_{i=1}^{k-1}(\boldsymbol{v}_k, \boldsymbol{u}_i)\boldsymbol{u}_i,$$
$$\boldsymbol{u}_k = \frac{1}{|\boldsymbol{u}'_k|}\boldsymbol{u}'_k \quad (k = 2, 3, \cdots, n).$$

(2) $\boldsymbol{R}^3$ の基底 $\left\{ \begin{pmatrix} 1 \\ 0 \\ 1 \end{pmatrix}, \begin{pmatrix} 2 \\ -1 \\ 0 \end{pmatrix}, \begin{pmatrix} -1 \\ 3 \\ 1 \end{pmatrix} \right\}$ から正規直交基底をつくれ.

3.3　$\boldsymbol{R}^3$ の幾何学 *

ここでは, 3 次元ユークリッド空間の幾何について少し触れる. 空間の座標軸: x 軸, y 軸, z 軸は, 図 **3.1** に見られるように**右手系**とする. すなわち, 各軸上の基本ベクトルをそれぞれ $\boldsymbol{e}_1, \boldsymbol{e}_2, \boldsymbol{e}_3$ とするとき, これらはたがいに直角になるように伸ばされた右手の親指, 人差し指, 中指に対応する位置にあるとする. また, $\boldsymbol{e}_1$ を $\boldsymbol{e}_2$ に重ねるような回転を考えたとき, $\boldsymbol{e}_3$ の方向は右ねじの進む方向になっている.

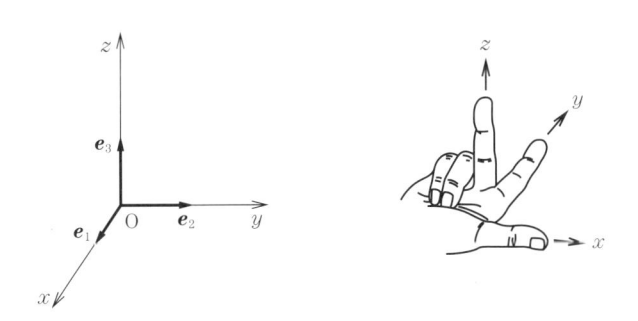

図 **3.1**　右　手　系

さて, 空間内の点 $A(a_1, a_2, a_3)$, $P(p_1, p_2, p_3)$ などに対して, ベクトル $\overrightarrow{OA}, \overrightarrow{OP}$ はそれぞれ点 A, P の**位置ベクトル**と呼ばれ, $\boldsymbol{a} = \overrightarrow{OA}$, $\boldsymbol{p} = \overrightarrow{OP}$ のように太い小文字で表されることが多い. 点 P を通り, ベクトル $\boldsymbol{a}$ と平行な直線 l の方程式はベクトルで表すと

$$\boldsymbol{x} = \boldsymbol{p} + t\boldsymbol{a} \quad (t \in \boldsymbol{R}) \tag{3.12}$$

となる（図 **3.2** 参照）．ただし，$\boldsymbol{x}$ は直線 l 上の任意の点 (x,y,z) の位置ベクトルである．これを成分表示すると，1 章の最後の補足で述べた式 (1.26) になる：

$$l: \frac{x-p_1}{a_1}=\frac{y-p_2}{a_2}=\frac{z-p_3}{a_3}=t. \tag{3.13}$$

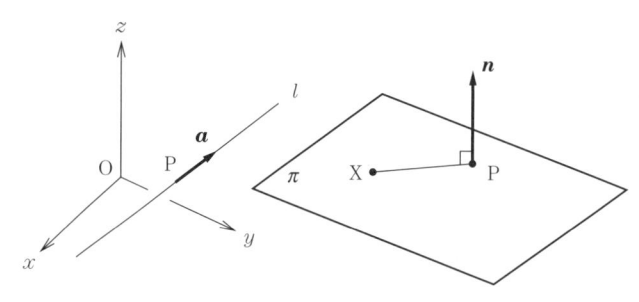

図 **3.2** 直 線 と 平 面

点 P(x_0, y_0, z_0) を通り，ベクトル $\boldsymbol{n} = {}^t(a\ b\ c)$ と垂直な平面 π 上の任意の点を X(x, y, z) とするとき（図 3.2 参照），この平面をベクトルの内積で表すと

$$(\boldsymbol{x}-\boldsymbol{p},\ \boldsymbol{n})=0. \tag{3.14}$$

これを成分で表したものが式 (1.27) で示したつぎの式である：

$$\pi: a(x-x_0)+b(y-y_0)+c(z-z_0)=0. \tag{3.15}$$

問 10. つぎの各問に答えよ．
(1) 点 $(1,2,-2)$ を通り，ベクトル ${}^t(-2\ 3\ 1)$ に平行な直線の方程式を求めよ．
(2) 2 点 $(2,3,-1),\ (-2,-2,3)$ を通る直線の方程式を求めよ．
(3) 点 $(3,-2,1)$ を通り，ベクトル ${}^t(4\ 1\ -3)$ と垂直な平面の方程式を求めよ．
(4) 方程式 $2x-4y+5z=3$ の表す平面のベクトル表示を求めよ．

例題 3.6 点 P を通り $\boldsymbol{a}$ と平行な直線を $l: \boldsymbol{x}=\boldsymbol{p}+t\boldsymbol{a}$ とする．点 Q から直線 l に下ろした垂線の足を H とするとき，QH の長さ（点 Q と直線 l との最短距離）を求めよ．

【解答】 Q, H の位置ベクトルをそれぞれ q, h とする．$h = p + t_0 a$, $(a, q - h) = 0$ より，$(a, q - p) - t_0(a, a) = 0$ となるので，$t_0 = \dfrac{(a, q - p)}{(a, a)}$．したがって，$h = p + \dfrac{(a, q - p)}{(a, a)} a$．QH の長さは $|q - h|$ なので，$(q - h, q - h)$ を計算することにより

$$\mathrm{QH} = |q - h| = \frac{\sqrt{|a|^2 |q - p|^2 - (a, q - p)^2}}{|a|} \tag{3.16}$$

を得る． $\diamondsuit$

例題 3.7 ベクトル a と垂直な平面を $\pi : (x, a) = d$ とする．点 Q から平面 π に下ろした垂線の足を H とするとき，QH の長さ（点 Q と平面 π との最短距離）を求めよ．

【解答】 Q, H の位置ベクトルをそれぞれ q, h とする．$(h, a) = d$, $q - h = t a$ より，$t = \dfrac{(q, a) - d}{|a|^2}$ を得るので，

$$\mathrm{QH} = |q - h| = \frac{|(q, a) - d|}{|a|}. \tag{3.17}$$

平面 π を $ax + by + cz = d$, q を $q = {}^t(x_0, y_0, z_0)$ とおくと

$$\mathrm{QH} = \frac{|ax_0 + by_0 + cz_0 - d|}{\sqrt{a^2 + b^2 + c^2}}. \tag{3.18}$$

$\diamondsuit$

問 11. 2 つの平面 $2x - 3y + z = 4$, $-x + 4y + 2z = 1$ の交わりとしての直線の方程式を求めよ．

問 12. 2 つの平面 $-x + 2y + 2z = 3$, $3x - 3y = 1$ のなす角 θ $(0 \leqq \theta \leqq \pi/2)$ を求めよ．

定義 3.5 2 つのベクトル $a = \begin{pmatrix} a_1 \\ a_2 \\ a_3 \end{pmatrix}$, $b = \begin{pmatrix} b_1 \\ b_2 \\ b_3 \end{pmatrix}$ に対して，a と b の**外積**（またはベクトル積）$a \times b$ を

と定義する.

$$a \times b = \begin{pmatrix} \begin{vmatrix} a_2 & b_2 \\ a_3 & b_3 \end{vmatrix} \\ -\begin{vmatrix} a_1 & b_1 \\ a_3 & b_3 \end{vmatrix} \\ \begin{vmatrix} a_1 & b_1 \\ a_2 & b_2 \end{vmatrix} \end{pmatrix} \qquad (3.19)$$

注意:外積は3次元ベクトルである.もし,aとbが1次従属ならば,2つのベクトルの各成分は比例するかまたは一方のベクトルがoなので外積は零ベクトルoとなる.

例 3.8 $e_1 \times e_2 = e_3$,$e_2 \times e_3 = e_1$,$e_3 \times e_1 = e_2$ である.読者はこのことを示せ.

例 3.9 $a = \begin{pmatrix} 1 \\ 0 \\ 3 \end{pmatrix}$,$b = \begin{pmatrix} 2 \\ -1 \\ 4 \end{pmatrix}$ のとき,

$$a \times b = \begin{vmatrix} 0 & -1 \\ 3 & 4 \end{vmatrix} e_1 - \begin{vmatrix} 1 & 2 \\ 3 & 4 \end{vmatrix} e_2 + \begin{vmatrix} 1 & 2 \\ 0 & -1 \end{vmatrix} e_3 = \begin{pmatrix} 3 \\ 2 \\ -1 \end{pmatrix},$$

$$b \times a = \begin{vmatrix} -1 & 0 \\ 4 & 3 \end{vmatrix} e_1 - \begin{vmatrix} 2 & 1 \\ 4 & 3 \end{vmatrix} e_2 + \begin{vmatrix} 2 & 1 \\ -1 & 0 \end{vmatrix} e_3 = \begin{pmatrix} -3 \\ -2 \\ 1 \end{pmatrix}$$

となる.一般に $a \times b = -b \times a$ が成り立つのは簡単に証明できる.

例題 3.8 $(a, a \times b) = 0$ となることを示せ.

3.3 R^3 の幾何学 *

証明 $(\boldsymbol{a}, \boldsymbol{a} \times \boldsymbol{b}) = a_1 \begin{vmatrix} a_2 & b_2 \\ a_3 & b_3 \end{vmatrix} - a_2 \begin{vmatrix} a_1 & b_1 \\ a_3 & b_3 \end{vmatrix} + a_3 \begin{vmatrix} a_1 & b_1 \\ a_2 & b_2 \end{vmatrix}$

$= \begin{vmatrix} a_1 & a_1 & b_1 \\ a_2 & a_2 & b_2 \\ a_3 & a_3 & b_3 \end{vmatrix} = 0.$

同様に $(\boldsymbol{b}, \boldsymbol{a} \times \boldsymbol{b}) = 0$ も示すことができる. □

上の例から,外積 $\boldsymbol{a} \times \boldsymbol{b}$ は $\boldsymbol{a}$ と $\boldsymbol{b}$ の両方に直交するベクトルである.また,$\boldsymbol{a}$ と $\boldsymbol{b}$ のなす角を θ $(0 < \theta < \pi)$ として,$\boldsymbol{a}$ を θ だけ回転して $\boldsymbol{b}$ に重ねるような回転を考えたとき,右ねじの進む方向が $\boldsymbol{a} \times \boldsymbol{b}$ の方向である.すなわち,3つのベクトル $\boldsymbol{a}, \boldsymbol{b}, \boldsymbol{a} \times \boldsymbol{b}$ は右手系になっている.

定理 3.6 1次独立な空間ベクトル $\boldsymbol{a}, \boldsymbol{b}$ に対してつぎのことが成り立つ.

(1) $\boldsymbol{a} \perp (\boldsymbol{a} \times \boldsymbol{b}), \quad \boldsymbol{b} \perp (\boldsymbol{a} \times \boldsymbol{b}),$

(2) $\boldsymbol{a}$ と $\boldsymbol{b}$ のなす角を θ とすれば

$$|\boldsymbol{a} \times \boldsymbol{b}| = |\boldsymbol{a}||\boldsymbol{b}| \sin \theta, \tag{3.20}$$

すなわち,$\boldsymbol{a} \times \boldsymbol{b}$ の長さ(大きさ)は $\boldsymbol{a}$ と $\boldsymbol{b}$ のつくる平行四辺形の面積に等しい(図 **3.3** 参照).

証明

(1) は例題 3.8 より明らか.

(2) $|\boldsymbol{a} \times \boldsymbol{b}|^2 = \begin{vmatrix} a_2 & b_2 \\ a_3 & b_3 \end{vmatrix}^2 + \begin{vmatrix} a_1 & b_1 \\ a_3 & b_3 \end{vmatrix}^2 + \begin{vmatrix} a_1 & b_1 \\ a_2 & b_2 \end{vmatrix}^2$

$= (a_2 b_3 - a_3 b_2)^2 + (a_1 b_3 - a_3 b_1)^2 + (a_1 b_2 - a_2 b_1)^2$

$= (a_1^2 + a_2^2 + a_3^2)(b_1^2 + b_2^2 + b_3^2) - (a_1 b_1 + a_2 b_2 + a_3 b_3)^2$

$= |\boldsymbol{a}|^2 |\boldsymbol{b}|^2 - (|\boldsymbol{a}||\boldsymbol{b}| \cos \theta)^2 = |\boldsymbol{a}|^2 |\boldsymbol{b}|^2 \sin^2 \theta.$

$0 \leqq \theta \leqq \pi$ より,式 (3.20) を得る. □

外積についての公式を列挙する．

$$a \times b = -b \times a$$

$$a \times a = o$$

$$a \mathbin{/\!/} b \rightarrow a \times b = o$$

$$(ca) \times b = a \times (cb) = c(a \times b)$$

$$(a + b) \times c = a \times c + b \times c$$

$$(*)\ a \times (b + c) = a \times b + a \times c$$

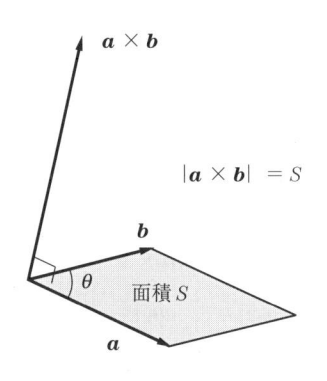

図 3.3　外積の方向，大きさ

問 13. 上の公式 $(*)$ を証明せよ．

例 3.10　$a = \begin{pmatrix} a_1 \\ a_2 \\ a_3 \end{pmatrix}$, $b = \begin{pmatrix} b_1 \\ b_2 \\ b_3 \end{pmatrix}$, $c = \begin{pmatrix} c_1 \\ c_2 \\ c_3 \end{pmatrix}$ のとき，内積 $(a \times b,\ c)$ は

$$(a \times b,\ c) = c_1 \begin{vmatrix} a_2 & b_2 \\ a_3 & b_3 \end{vmatrix} - c_2 \begin{vmatrix} a_1 & b_1 \\ a_3 & b_3 \end{vmatrix} + c_3 \begin{vmatrix} a_1 & b_1 \\ a_2 & b_2 \end{vmatrix}$$

$$= \begin{vmatrix} a_1 & b_1 & c_1 \\ a_2 & b_2 & c_2 \\ a_3 & b_3 & c_3 \end{vmatrix}.$$

行列式を $\det(\cdots)$ で表すと，$(a \times b,\ c) = \det(a\ b\ c)$ となることがわかった．同様の計算で $(a,\ b \times c) = \det(a\ b\ c)$ も示すことができる．

例題 3.9　1次独立な3つのベクトル a, b, c を3辺とする平行六面体の体積を V とすると

$$V = |\det(a\ b\ c)|$$

であることを示せ（図 3.4）．

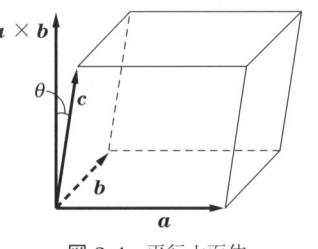

図 3.4　平行六面体

3.3 R^3 の幾何学 *

証明 $a \times b$ と c のなす角を θ とする. θ は $0 \leqq \theta \leqq \dfrac{\pi}{2}$ として一般性を失わない. a と b のつくる平行四辺形をこの立体の底面とみると, 底面の面積は $|a \times b|$, 立体の高さは $|c|\cos\theta$ だから

$$V = |a \times b||c|\cos\theta = |(a \times b, \ c)| = |\det(a \ b \ c)|. \qquad \square$$

上の例題から, 平行六面体を半分に切った**平行三角柱**(図 3.5)の体積は $\dfrac{1}{2}|\det(a \ b \ c)|$ である. さらに, この平行三角柱を各ベクトルの終点を通る平面で切った, a, b, c を3辺とする**四面体**(図 3.6)の体積は $\dfrac{1}{6}|\det(a \ b \ c)|$ であることがわかる.

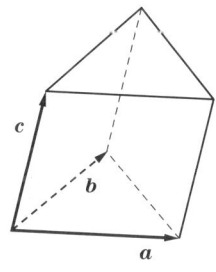

図 3.5 平行三角柱   図 3.6 四 面 体

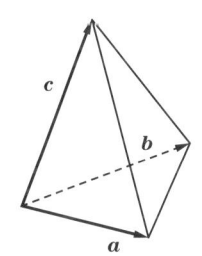

例題 3.10 同一直線上にない3点 $A(a_1, a_2, a_3)$, $B(b_1, b_2, b_3)$, $C(c_1, c_2, c_3)$ を通る平面の方程式は

$$\begin{vmatrix} x & a_1 & b_1 & c_1 \\ y & a_2 & b_2 & c_2 \\ z & a_3 & b_3 & c_3 \\ 1 & 1 & 1 & 1 \end{vmatrix} = 0 \quad \text{または} \quad \begin{vmatrix} x-a_1 & b_1-a_1 & c_1-a_1 \\ y-a_2 & b_2-a_2 & c_2-a_2 \\ z-a_3 & b_3-a_3 & c_3-a_3 \end{vmatrix} = 0$$

で与えられることを示せ.

証明 前者の行列式は, 1, 3, 4列から2列を引き, 第4行で余因子展開すると後者の3×3行列式になる. したがって, ここでは平面の方程式が後者の行列式

になることを示す．求めたい平面を π として，π 上の任意の点を $\mathrm{X}(x,y,z)$，とする．$\overrightarrow{\mathrm{AX}}, \overrightarrow{\mathrm{AB}}, \overrightarrow{\mathrm{AC}}$ は同一平面上にあり

$$(\overrightarrow{\mathrm{AX}}, \overrightarrow{\mathrm{AB}} \times \overrightarrow{\mathrm{AC}}) = 0$$

を満たすので，$\det(\overrightarrow{\mathrm{AX}}\ \overrightarrow{\mathrm{AB}}\ \overrightarrow{\mathrm{AC}}) = 0$，すなわち，

$$\begin{vmatrix} x-a_1 & b_1-a_1 & c_1-a_1 \\ y-a_2 & b_2-a_2 & c_2-a_2 \\ z-a_3 & b_3-a_3 & c_3-a_3 \end{vmatrix} = 0.$$

□

問 14. xy 平面上の 3 点 $\mathrm{A}(a_1,a_2)$，$\mathrm{B}(b_1,b_2)$，$\mathrm{C}(c_1,c_2)$ を頂点とする三角形の面積は

$$\frac{1}{2} \begin{vmatrix} a_1 & b_1 & c_1 \\ a_2 & b_2 & c_2 \\ 1 & 1 & 1 \end{vmatrix}$$

の絶対値で与えられることを示せ．

（ヒント：3 次元空間内のベクトルの外積を用いよ．）

問　題　3.3

問 1. つぎの各問に答えよ．
(1) 点 $(3,-2,4)$ を通り，直線 $\dfrac{x}{2} = -\dfrac{y}{3} = z$ に平行な直線の方程式を求めよ．
(2) 点 $(2,2,-1)$ を通り，直線 $\dfrac{x}{3} = \dfrac{y}{2} = \dfrac{z}{-2}$ に垂直な平面の方程式を求めよ．
(3) 点 $(3,-1,-2)$ と直線 $\boldsymbol{x} = \begin{pmatrix} 1 \\ 2 \\ 0 \end{pmatrix} + t \begin{pmatrix} 2 \\ -2 \\ 1 \end{pmatrix}$ の最短距離を求めよ．
(4) 点 $(4,-1,2)$ と平面 $-2x+y+2z=4$ との最短距離を求めよ．
(5) 3 点 $\mathrm{A}(1,2,-2)$, $\mathrm{B}(-3,1,0)$, $\mathrm{C}(4,-2,1)$ を頂点とする三角形の面積を求めよ．

問 2. $\boldsymbol{a} = \begin{pmatrix} -2 \\ 3 \\ 1 \end{pmatrix}$, $\boldsymbol{b} = \begin{pmatrix} 1 \\ -2 \\ 4 \end{pmatrix}$, $\boldsymbol{c} = \begin{pmatrix} 0 \\ 2 \\ 2 \end{pmatrix}$ のとき，つぎの各問に答えよ．

(1) a, b, c を 3 辺とする四面体の体積を求めよ．
(2) 外積 $a \times b$ および $b \times c$ を求めよ．
(3) $(a \times b) \times c$ および $a \times (b \times c)$ を求めよ．

問 3. 平面 $\pi : ax + by + cz = d$ がどの座標軸とも平行でないとする．
(1) 平面 π と x 軸，y 軸，z 軸との交点をそれぞれ A，B，C とするとき，四面体 OABC の体積を求めよ．ただし，O は原点である．
(2) 三角形 ABC の面積を求めよ．

問 4. 空間内の 3 点 A，B，C の位置ベクトルをそれぞれ a, b, c とすると，三角形 ABC の面積は $\dfrac{1}{2} | a \times b + b \times c + c \times a |$ と書けることを示せ．

4 固有値とその応用

4.1 行列の固有値と固有ベクトル

n 次正方行列の固有値と固有ベクトルについて考える．これらはその行列を特徴づける数とベクトルであり，行列がもつ性格と呼んでもいい過ぎではない．そしてこれらは，行列とベクトルでモデル化された多くの自然現象を解明するための重要なキーワードとなり得る．

定義 4.1 n 次正方行列 A に対して，$\boldsymbol{o}$ でないベクトル $\boldsymbol{x}$ と数 λ があって

$$A\boldsymbol{x} = \lambda \boldsymbol{x} \tag{4.1}$$

を満たすとき，λ を A の**固有値**，$\boldsymbol{x}$ を λ に対する**固有ベクトル**という．

いま，式 (4.1) を満たすような λ と $\boldsymbol{x}$ があったとすると，$(A - \lambda E)\boldsymbol{x} = \boldsymbol{o}$ を満たす．これは，$\boldsymbol{x}$ が同次連立 1 次方程式

$$(A - \lambda E)\boldsymbol{x} = \boldsymbol{o} \tag{4.2}$$

の 1 つの解であることをを示している．同次連立 1 次方程式 (4.2) が自明解以外の解ををもつ必要十分条件は $|A - \lambda E| = 0$ なので，固有値 λ はこの式を満たさなければならない．実際，$|A - \lambda E| = 0$ は λ についての n 次方程式なので，複素数の範囲で必ず**根**（方程式の解のこと）λ をもつ．そして，こ

の λ に対して, 方程式 (4.2) は自明解以外の解をもつので, 固有値と固有ベクトルはいつも存在する.

方程式 $\varphi_A(\lambda) = |A - \lambda E| = 0$ は行列 A の**固有方程式**と呼ばれる:

$$\varphi_A(\lambda) = |A - \lambda E| = \begin{vmatrix} a_{11} - \lambda & a_{12} & \cdots & a_{1n} \\ a_{21} & a_{22} - \lambda & \cdots & a_{2n} \\ \vdots & \vdots & \ddots & \vdots \\ a_{n1} & a_{n2} & \cdots & a_{nn} - \lambda \end{vmatrix} = 0. \quad (4.3)$$

なお, $\varphi_A(\lambda)$ を**固有多項式**という.

代数学の基本定理 「n 次方程式は, 重複根を重複度だけ数えることにより, 複素数の範囲でちょうど n 個の根をもつ」から, 固有方程式 (4.3) は重複根がない場合最大 n 個の固有値をもつ.

また, 実行列 A の固有方程式 $\varphi_A(\lambda) = 0$ の係数はすべて実数なので, 複素数根がある場合は必ずペア $a \pm bi$ で現れる. $a + bi$ と $a - bi$ はたがいに共役な複素数と呼ばれている. 一般に $a - bi$ は $z = a + bi$ の**共役複素数**と呼ばれ, $\overline{z} = a - bi$ と表される. $\overline{a - bi} = a + bi$ も明らかな式である. $z = a + bi, z_1, z_2$ が複素数のとき以下の式が成り立つことに注意せよ:

$$z\overline{z} = |z|^2 = a^2 + b^2, \quad \overline{z_1 + z_2} = \overline{z_1} + \overline{z_2},$$

$$\overline{z_1 z_2} = \overline{z_1}\, \overline{z_2}, \quad \overline{\left(\frac{z_1}{z_2}\right)} = \frac{\overline{z_1}}{\overline{z_2}} \ (\ z_2 \neq 0\ ). \quad (4.4)$$

固有値が複素根 $\lambda = a + bi$ のとき, それに対応した固有ベクトルも当然複素数になるので, $\boldsymbol{p} + i\boldsymbol{q}$ ($\boldsymbol{p}, \boldsymbol{q}$ は実ベクトル) と表すことができる. このとき,

$$\overline{A(\boldsymbol{p} + i\boldsymbol{q})} = \overline{(a + bi)(\boldsymbol{p} + i\boldsymbol{q})} \Leftrightarrow A(\boldsymbol{p} - i\boldsymbol{q}) = (a - bi)(\boldsymbol{p} - i\boldsymbol{q}) \quad (4.5)$$

なので, $\lambda = a - bi$ に対する固有ベクトルは $\boldsymbol{p} - i\boldsymbol{q}$ である.

問 1. 共役複素数に関する公式 (4.4) を証明せよ.

固有値，固有ベクトルの計算法

(1) 固有方程式 $\varphi_A(\lambda) = 0$ の根 $\lambda_i, \ (i = 1, 2, \cdots, k)$ を求める．

(2) 各固有値 $\lambda_i, \ (i = 1, 2, \cdots, k)$ に対して，$(A - \lambda_i E)\boldsymbol{x}_i = \boldsymbol{o}$ を満たす解 $\boldsymbol{x}_i$ を求める．一般に，これらの解は任意定数を含む解であることに注意せよ．

問 2. 行列 A の異なる固有値に対して，固有ベクトルが同じになることはないことを示せ．

例 4.1 $A = \begin{pmatrix} -1 & 0 \\ 0 & 2 \end{pmatrix}$ の固有値は -1 と 2 である．なぜならば

$$|A - \lambda E| = \begin{vmatrix} -1-\lambda & 0 \\ 0 & 2-\lambda \end{vmatrix} = (-1-\lambda)(2-\lambda) = 0 \quad \text{より} \quad \lambda = -1, 2$$

となるからである．

同様に，上三角行列 $\begin{pmatrix} a & b & c \\ 0 & d & e \\ 0 & 0 & f \end{pmatrix}$ の固有値は，$\lambda = a, d, f$ である．

明らかに，対角行列や三角行列では，対角成分そのものが固有値である．

例 4.2 行列 $A = \begin{pmatrix} 1 & 3 \\ 2 & 2 \end{pmatrix}$ の固有方程式は

$$\begin{vmatrix} 1-\lambda & 3 \\ 2 & 2-\lambda \end{vmatrix} = (1-\lambda)(2-\lambda) - 6 = (\lambda - 4)(\lambda + 1) = 0$$

だから，$\lambda = -1, 4$ を得る．

(i) $\lambda = -1$ のとき，$\begin{cases} 2x + 3y = 0 \\ 2x + 3y = 0 \end{cases}$ より，固有ベクトルは

$\boldsymbol{x} = c \begin{pmatrix} 3 \\ -2 \end{pmatrix}$．（$c$ は 0 でない任意定数．以下同様）

(ii) $\lambda = 4$ のとき, $\begin{cases} -3x + 3y = 0 \\ 2x - 2y = 0 \end{cases}$ より, 固有ベクトルは $\boldsymbol{x} = c \begin{pmatrix} 1 \\ 1 \end{pmatrix}$.

例題 4.1 行列 $\begin{pmatrix} -4 & 15 & 3 \\ 0 & 2 & 0 \\ -6 & 15 & 5 \end{pmatrix}$ の固有値と固有ベクトルを求めよ.

【解答】 $\begin{vmatrix} -4-\lambda & 15 & 3 \\ 0 & 2-\lambda & 0 \\ -6 & 15 & 5-\lambda \end{vmatrix} = -(\lambda + 1)(\lambda - 2)^2 = 0$ より,

$\lambda = -1$, $\lambda = 2$ (重複度 2).

(i) $\lambda = -1$ のとき, $\begin{cases} -3x + 15y + 3z = 0 \\ 3y = 0 \\ -6x + 15y + 6z = 0 \end{cases}$ より, $\boldsymbol{x} = c \begin{pmatrix} 1 \\ 0 \\ 1 \end{pmatrix}$.

(ii) $\lambda = 2$ のとき, $\begin{cases} -6x + 15y + 3z = 0 \\ 0x + 0y + 0z = 0 \\ -6x + 15y + 3z = 0 \end{cases}$ より, 2 つの 1 次独立な解

$\boldsymbol{x} = c \begin{pmatrix} 1 \\ 0 \\ 2 \end{pmatrix}, c \begin{pmatrix} 0 \\ 1 \\ -5 \end{pmatrix}$ を得る (この 2 つの解の選び方は一意ではない).

$\diamond$

行列 A の 1 つの固有値 λ に対する固有ベクトル $\boldsymbol{x}$ ($\in \boldsymbol{R}^n$ または $\boldsymbol{C}^n$) 全体に零ベクトルを加えた集合

$$W(\lambda) = \{ \ \boldsymbol{x} \ | \ A\boldsymbol{x} = \lambda \boldsymbol{x} \ \} \tag{4.6}$$

は n 次元ベクトル空間 V ($\boldsymbol{R}^n$ または $\boldsymbol{C}^n$) の部分空間になる. $W(\lambda)$ は, 固有値 λ に対する A の**固有空間**と呼ばれ, 1 次変換 A に対して**不変** (任意の $\boldsymbol{x} \in W(\lambda)$ に対して $A\boldsymbol{x} \in W(\lambda)$ となること) な部分空間である. 例 4.2 で

は，$\dim W(-1) = \dim W(4) = 1$ であり，

$$\mathbf{R}^2 = W(-1) \oplus W(4) = \left\langle \begin{pmatrix} 3 \\ -2 \end{pmatrix}, \begin{pmatrix} 1 \\ 1 \end{pmatrix} \right\rangle$$

と表される．また，例題 4.1 では $\dim W(-1) = 1,\ \dim W(2) = 2$ であり，

$$\mathbf{R}^3 = W(-1) \oplus W(2) = \left\langle \begin{pmatrix} 1 \\ 0 \\ 1 \end{pmatrix}, \begin{pmatrix} 1 \\ 0 \\ 2 \end{pmatrix}, \begin{pmatrix} 0 \\ 1 \\ -5 \end{pmatrix} \right\rangle$$

と表すことができる．

定理 4.1 つぎの命題が成り立つ．

(1) A を n 次正方行列，P を $n \times n$ 正則行列とするとき，A と $B = P^{-1}AP$ の固有値は一致する．

(2) A が異なる r 個の固有値 $\lambda_1, \lambda_2, \cdots, \lambda_r$ をもつとき，それぞれに対応する固有ベクトル $\boldsymbol{x}_1, \boldsymbol{x}_2, \cdots, \boldsymbol{x}_r$ は 1 次独立である．

証明

(1) $|P^{-1}AP - \lambda E| = |P^{-1}(A - \lambda E)P| = |P^{-1}||A - \lambda E||P| = |A - \lambda E|$
より，B と A の固有方程式は等しい．

(2) (背理法による) $\boldsymbol{x}_1, \boldsymbol{x}_2, \cdots, \boldsymbol{x}_r$ が 1 次従属であれば，$\boldsymbol{x}_1, \boldsymbol{x}_2, \cdots, \boldsymbol{x}_k$ が 1 次独立で $\boldsymbol{x}_1, \boldsymbol{x}_2, \cdots, \boldsymbol{x}_{k+1}$ が 1 次従属であるような $k\ (1 \leq k \leq r-1)$ が存在する．このとき，

$$\boldsymbol{x}_{k+1} = c_1 \boldsymbol{x}_1 + c_2 \boldsymbol{x}_2 + \cdots + c_k \boldsymbol{x}_k. \quad \cdots (*)$$

この式の両辺にに左から A をかけて，$A\boldsymbol{x}_j = \lambda_j \boldsymbol{x}_j$ に注意すると次式を得る．

$$\lambda_{k+1} \boldsymbol{x}_{k+1} = c_1 \lambda_1 \boldsymbol{x}_1 + c_2 \lambda_2 \boldsymbol{x}_2 + \cdots + c_k \lambda_k \boldsymbol{x}_k. \quad \cdots (**)$$

$\lambda_{k+1} \times (*) - (**)$ をつくると，

$$\boldsymbol{o} = c_1(\lambda_{k+1} - \lambda_1)\boldsymbol{x}_1 + c_2(\lambda_{k+1} - \lambda_2)\boldsymbol{x}_2 + \cdots + c_k(\lambda_{k+1} - \lambda_k)\boldsymbol{x}_k$$

となるが,$x_1, x_2, \cdots, x_k$ は 1 次独立であるから,$c_1 = c_2 = \cdots = c_k = 0$. したがって,$x_{k+1} = o$ となり x_{k+1} が固有ベクトルであることに矛盾する. □

問題 4.1

問 1. つぎの行列の固有値と固有ベクトルを求めよ.

(1) $\begin{pmatrix} 2 & 5 \\ 2 & -1 \end{pmatrix}$ (2) $\begin{pmatrix} 2 & -1 \\ 2 & 4 \end{pmatrix}$ (3) $\begin{pmatrix} 2 & 0 & -1 \\ 0 & 2 & 0 \\ -1 & 0 & 2 \end{pmatrix}$

(4) $\begin{pmatrix} 1 & -2 & 0 \\ 2 & 0 & 3 \\ 1 & 2 & 2 \end{pmatrix}$

問 2. n 次正方行列 A の固有多項式を

$$\varphi_A(\lambda) = a_n \lambda^n + a_{n-1} \lambda^{n-1} + \cdots + a_1 \lambda + a_0$$

とおくとき,次式を証明せよ.
(1) $a_n = (-1)^n$ (2) $a_{n-1} = (-1)^{n-1} \mathrm{tr}\, A$ (3) $a_0 = |A|$
ただし,$\mathrm{tr}\, A = a_{11} + a_{22} + \cdots + a_{nn}$($A$ の対角成分の和)である.

問 3. n 次正方行列 A の固有多項式を $\varphi_A(\lambda)$ とするとき,つぎの各行列の固有多項式を $\varphi_A(\lambda)$ を用いて表せ.
(1) ${}^t A$ (2) $cA\ (c \neq 0)$ (3) $A + cE$ (4) A^{-1}(A が正則のとき)

4.2 行列の対角化

行列の対角化について考える.

定義 4.2 n 次正方行列 A が適当な正則行列 P によって

4. 固有値とその応用

$$P^{-1}AP = \begin{pmatrix} \lambda_1 & 0 & \cdots & 0 \\ 0 & \lambda_2 & \cdots & 0 \\ \vdots & \ddots & \ddots & \vdots \\ 0 & \cdots & 0 & \lambda_n \end{pmatrix} \quad (= \Lambda \text{ と書く}) \tag{4.7}$$

と表されるとき，A は**対角化可能**であるという．

注意：定理 4.1 より，A と $P^{-1}AP$ の固有値は等しいので，上の対角行列の成分は A の固有値である．

行列が対角化可能か否かは，行列がもつ重要な性質の1つである．もし行列 A が対角化可能ならば，例えば，A^k $(k \geqq 2)$ はつぎのように簡単に求められる：

$$(P^{-1}AP)^k = P^{-1}A^k P = \begin{pmatrix} \lambda_1^k & 0 & \cdots & 0 \\ 0 & \lambda_2^k & \cdots & 0 \\ \vdots & \ddots & \ddots & \vdots \\ 0 & \cdots & 0 & \lambda_n^k \end{pmatrix} = \Lambda^k \tag{4.8}$$

だから，$A^k = P \Lambda^k P^{-1}$ である．

定理 4.2 A を n 次正方行列とするとき，つぎの命題が成り立つ．

(1) A は対角化可能である． $\iff$ A の1次独立な n 個の固有ベクトルが存在する．

(2) A の固有値がすべて異なれば，A は対角化可能である．

証明

(1) A が正則行列 $P = (\boldsymbol{p}_1 \ \boldsymbol{p}_2 \ \cdots \ \boldsymbol{p}_n)$ で

$$P^{-1}AP = \begin{pmatrix} \lambda_1 & & & O \\ & \lambda_2 & & \\ & & \ddots & \\ O & & & \lambda_n \end{pmatrix}$$

と表されたとすると，$\lambda_1, \lambda_2, \cdots, \lambda_n$ は A の固有値である．P は正則行列だから，n 個の列ベクトル $\boldsymbol{p}_i\ (i=1,2,\cdots,n)$ は1次独立である．基本ベクトル $\boldsymbol{e}_i$ に対して，$P\boldsymbol{e}_i = \boldsymbol{p}_i\ (i=1,2,\cdots,n)$ だから

$$A\boldsymbol{p}_i = AP\boldsymbol{e}_i = P(P^{-1}AP)\boldsymbol{e}_i = \lambda_i P\boldsymbol{e}_i = \lambda_i \boldsymbol{p}_i$$

となり，$\boldsymbol{p}_1, \boldsymbol{p}_2, \cdots, \boldsymbol{p}_n$ はそれぞれ $\lambda_1, \lambda_2, \cdots, \lambda_n$ に対する A の固有ベクトルである．

逆に，$\boldsymbol{p}_i\ (i=1,2,\cdots,n)$ は $A\boldsymbol{p}_i = \lambda_i \boldsymbol{p}_i$ を満たす1次独立な固有ベクトルとする．$P = (\boldsymbol{p}_1\ \boldsymbol{p}_2\ \cdots\ \boldsymbol{p}_n)$ とおけば，これは正則行列で $P\boldsymbol{e}_i = \boldsymbol{p}_i$ を満たす．このとき

$$(P^{-1}AP)\boldsymbol{e}_i = P^{-1}A\boldsymbol{p}_i = \lambda_i P^{-1}\boldsymbol{p}_i = \lambda_i P^{-1}(P\boldsymbol{e}_i) = \lambda_i \boldsymbol{e}_i$$

となるので

$$P^{-1}AP = \begin{pmatrix} \lambda_1 & & & O \\ & \lambda_2 & & \\ & & \ddots & \\ O & & & \lambda_n \end{pmatrix}$$

を得る．

(2) A の n 個の固有値がすべて異なれば，A は1次独立な n 個の固有ベクトルをもつ（定理 4.1）ので，(1) より A は対角化可能である． □

例 4.3 行列 $A = \begin{pmatrix} -3 & 4 \\ 1 & 0 \end{pmatrix}$ の固有値は，1 と -4 で，対応する固有ベクトルは $c\begin{pmatrix} 1 \\ 1 \end{pmatrix}$ と $c\begin{pmatrix} 4 \\ -1 \end{pmatrix}$．$P = \begin{pmatrix} 1 & 4 \\ 1 & -1 \end{pmatrix}$ とおくと

$$P^{-1}AP = \frac{1}{5}\begin{pmatrix} 1 & 4 \\ 1 & -1 \end{pmatrix}\begin{pmatrix} -3 & 4 \\ 1 & 0 \end{pmatrix}\begin{pmatrix} 1 & 4 \\ 1 & -1 \end{pmatrix}$$

$$= \frac{1}{5}\begin{pmatrix} 1 & 4 \\ -4 & 4 \end{pmatrix}\begin{pmatrix} 1 & 4 \\ 1 & -1 \end{pmatrix} = \begin{pmatrix} 1 & 0 \\ 0 & -4 \end{pmatrix}$$

となり，対角化が確かめられた.

例題 4.2 行列 $B = \begin{pmatrix} 0 & 1 & 1 \\ 2 & 1 & 2 \\ 1 & -1 & 0 \end{pmatrix}$ は対角化可能か否か調べよ．

【解答】 $\varphi_B(\lambda) = |B - \lambda E| = \begin{vmatrix} -\lambda & 1 & 1 \\ 2 & 1-\lambda & 2 \\ 1 & -1 & -\lambda \end{vmatrix} = -(\lambda-1)^2(\lambda+1) = 0$

より，$\lambda = 1$（重複度 2），-1 である．

$\lambda = -1$ に対する固有ベクトルは，$\boldsymbol{x} = c \begin{pmatrix} 1 \\ 0 \\ -1 \end{pmatrix}$．$\lambda = 1$ に対する固有ベクトルは，つぎの方程式の解である．

$$(B - E)\boldsymbol{x} = \begin{pmatrix} -1 & 1 & 1 \\ 2 & 0 & 2 \\ 1 & -1 & -1 \end{pmatrix} \begin{pmatrix} x \\ y \\ z \end{pmatrix} = \begin{pmatrix} 0 \\ 0 \\ 0 \end{pmatrix}.$$

上の式は $x + z = 0$, $x - y - z = 0$ と同等なので，c を 0 でない任意定数として，$\boldsymbol{x} = c \begin{pmatrix} 1 \\ 2 \\ -1 \end{pmatrix}$ となる．c をどのように選んでも，2 つの 1 次独立な固有ベクトルはつくれないので，<u>対角化は不可能である</u>． ◇

問 3. つぎの行列は対角化可能か否か調べ，可能ならば対角化の計算を示せ．

(1) $\begin{pmatrix} 5 & 2 \\ -2 & 1 \end{pmatrix}$ (2) $\begin{pmatrix} 1 & 2 \\ -2 & 1 \end{pmatrix}$ (3) $\begin{pmatrix} 6 & -1 & 5 \\ -3 & 2 & -3 \\ -7 & 1 & -6 \end{pmatrix}$

さて，A が対称行列ならば，対角化はつねに可能であることを示す．

定理 4.3 A が対称行列のとき，つぎの命題が成り立つ．

(1) A の固有値はすべて実数である.
(2) A の異なる固有値に対する固有ベクトルはたがいに直交する.
(3) A は適当な直交行列 T によって対角化される:

$$
{}^t TAT = \begin{pmatrix} \lambda_1 & 0 & \cdots & 0 \\ 0 & \lambda_2 & \cdots & 0 \\ \vdots & \ddots & \ddots & \vdots \\ 0 & \cdots & 0 & \lambda_n \end{pmatrix} = \Lambda \tag{4.9}
$$

ここに, $\lambda_1, \lambda_2, \cdots, \lambda_n$ は A の固有値である.

証明

(1) A は対称だから ${}^t A = A$. A の 1 つの固有値 $\lambda(\neq 0)$ に対応する固有ベクトルを $\boldsymbol{p}$ とすると, $A\boldsymbol{p} = \lambda \boldsymbol{p}$ を満たす. もし, λ が複素数ならば $A\overline{\boldsymbol{p}} = \overline{\lambda}\overline{\boldsymbol{p}}$, したがって

$$\overline{\lambda}({}^t\overline{\boldsymbol{p}}\boldsymbol{p}) = {}^t(\overline{\lambda}\overline{\boldsymbol{p}})\boldsymbol{p} = {}^t(A\overline{\boldsymbol{p}})\boldsymbol{p} = {}^t\overline{\boldsymbol{p}}A\boldsymbol{p} = {}^t\overline{\boldsymbol{p}}(\lambda\boldsymbol{p}) = \lambda({}^t\overline{\boldsymbol{p}}\boldsymbol{p}).$$

ここで, $\boldsymbol{p} = \begin{pmatrix} p_1 \\ p_2 \\ \vdots \\ p_n \end{pmatrix}$ とすれば, ${}^t\overline{\boldsymbol{p}}\boldsymbol{p} = \overline{p_1}p_1 + \overline{p_2}p_2 + \cdots + \overline{p_n}p_n = $

$|p_1|^2 + |p_2|^2 + \cdots + |p_n|^2 > 0$ となるので, $\overline{\lambda} = \lambda$. これは λ を複素数とした仮定に矛盾する. よって λ は実数である.

(2) A の異なる固有値を λ_1, λ_2 とするとこれらは実数であり, 対応する固有ベクトル $\boldsymbol{p}_1, \boldsymbol{p}_2$ も実ベクトルである. このとき

$$\lambda_1(\boldsymbol{p}_1, \boldsymbol{p}_2) = (\lambda_1\boldsymbol{p}_1, \boldsymbol{p}_2) = (A\boldsymbol{p}_1, \boldsymbol{p}_2) = {}^t(A\boldsymbol{p}_1)\boldsymbol{p}_2$$
$$= {}^t\boldsymbol{p}_1{}^t A\boldsymbol{p}_2 = {}^t\boldsymbol{p}_1 A\boldsymbol{p}_2 = (\boldsymbol{p}_1, \lambda_2\boldsymbol{p}_2) = \lambda_2(\boldsymbol{p}_1, \boldsymbol{p}_2).$$

$\lambda_1 \neq \lambda_2$ より, $(\boldsymbol{p}_1, \boldsymbol{p}_2) = 0$. したがって, $\boldsymbol{p}_1$ と $\boldsymbol{p}_2$ は直交する.

(3) 数学的帰納法で証明する. $n = 2$ のとき, $A = \begin{pmatrix} a & b \\ b & c \end{pmatrix}$ とすると, 固有方程式は

$$\begin{vmatrix} a - \lambda & b \\ b & c - \lambda \end{vmatrix} = \lambda^2 - (a+c)\lambda + ac - b^2 = 0.$$

4. 固有値とその応用

判別式は $D = (a+c)^2 - 4(ac-b^2) = (a-c)^2 + 4b^2 \geqq 0$ だから, (i) 異なる 2 つの実数根 λ_1, λ_2 をもつ, (ii) 重根 $\lambda = a$ をもつ ($a = c, b = 0$ のとき), のいずれかである.

(i) のとき, λ_1, λ_2 の長さ 1 の固有ベクトルを $\boldsymbol{p}_1, \boldsymbol{p}_2$ とおけば, これらは直交している. さらに, $T = (\boldsymbol{p}_1 \ \boldsymbol{p}_2)$ とおけばこれは直交行列で, 定理 4.2 より

$$T^{-1}AT = {}^tTAT = \begin{pmatrix} \lambda_1 & 0 \\ 0 & \lambda_2 \end{pmatrix}$$

となる.

(ii) のときは, $A = \begin{pmatrix} a & 0 \\ 0 & a \end{pmatrix}$ で, 固有値は a (重根), 固有ベクトルとして基本ベクトル $\boldsymbol{e}_1, \boldsymbol{e}_2$ をとることができる. $T = (\boldsymbol{e}_1 \ \boldsymbol{e}_2)$ とおけば次式を得る :

$${}^tTAT = \begin{pmatrix} a & 0 \\ 0 & a \end{pmatrix}.$$

さて, $(n-1)$ 次対称行列に対して命題が成り立ったとする. このとき n 次対称行列 A の 1 つの固有値 λ_1 に対する固有ベクトルを $\boldsymbol{u}_1$ とし, これに $(n-1)$ 個の適当なベクトル $\boldsymbol{u}_2, \cdots, \boldsymbol{u}_n$ を加えて $\boldsymbol{R}^n$ の基底とする. この基底からグラム・シュミットの直交化法によって, 正規直交基底 $\{\boldsymbol{p}_1, \boldsymbol{p}_2, \cdots, \boldsymbol{p}_n\}$ をつくる. ここに $\boldsymbol{p}_1$ は λ_1 に対する長さ 1 の固有ベクトルで, $P = (\boldsymbol{p}_1 \ \boldsymbol{p}_2 \ \cdots \ \boldsymbol{p}_n)$ は直交行列である. このとき

$$\begin{aligned}
{}^tPAP &= {}^tP(A\boldsymbol{p}_1 \ A\boldsymbol{p}_2 \ \cdots \ A\boldsymbol{p}_n) \\
&= \begin{pmatrix} {}^t\boldsymbol{p}_1 \\ {}^t\boldsymbol{p}_2 \\ \vdots \\ {}^t\boldsymbol{p}_n \end{pmatrix} (\lambda_1 \boldsymbol{p}_1 \ A\boldsymbol{p}_2 \ \cdots \ A\boldsymbol{p}_n) \\
&= \begin{pmatrix} \lambda_1(\boldsymbol{p}_1, \boldsymbol{p}_1) & (\boldsymbol{p}_1, A\boldsymbol{p}_2) & \cdots & (\boldsymbol{p}_1, A\boldsymbol{p}_n) \\ \lambda_1(\boldsymbol{p}_2, \boldsymbol{p}_1) & (\boldsymbol{p}_2, A\boldsymbol{p}_2) & \cdots & (\boldsymbol{p}_2, A\boldsymbol{p}_n) \\ \vdots & \vdots & \ddots & \vdots \\ \lambda_1(\boldsymbol{p}_n, \boldsymbol{p}_1) & (\boldsymbol{p}_n, A\boldsymbol{p}_2) & \cdots & (\boldsymbol{p}_n, A\boldsymbol{p}_n) \end{pmatrix}
\end{aligned}$$

$$= \begin{pmatrix} \lambda_1 & (\boldsymbol{p}_1, A\boldsymbol{p}_2) & \cdots & (\boldsymbol{p}_1, A\boldsymbol{p}_n) \\ 0 & & & \\ \vdots & & B & \\ 0 & & & \end{pmatrix}.$$

${}^t({}^tPAP) = {}^tP{}^tA{}^t({}^tP) = {}^tPAP$ より，${}^tPAP$ は対称行列なので，上の行列の 1 行の成分は λ_1 以外はすべて 0 である：

$$(\boldsymbol{p}_1, A\boldsymbol{p}_2) = (\boldsymbol{p}_1, A\boldsymbol{p}_3) = \cdots = (\boldsymbol{p}_1, A\boldsymbol{p}_n) = 0.$$

また，行列 B は $(n-1)$ 次対称行列であり，その固有値は $\lambda_2, \lambda_3, \cdots, \lambda_n$ である．帰納法の仮定から，適当な $(n-1)$ 次直交行列 Q があって

$${}^tQBQ = \begin{pmatrix} \lambda_2 & & & O \\ & \lambda_3 & & \\ & & \ddots & \\ O & & & \lambda_n \end{pmatrix}$$

とできる．$R = \begin{pmatrix} 1 & O \\ O & Q \end{pmatrix}$ とおけば，R は直交行列．したがって $T = PR$ も直交行列になり

$${}^tTAT = {}^tR({}^tPAP)R = {}^tR\begin{pmatrix} \lambda_1 & O \\ O & B \end{pmatrix}R$$

$$= \begin{pmatrix} 1 & O \\ O & {}^tQ \end{pmatrix}\begin{pmatrix} \lambda_1 & O \\ O & B \end{pmatrix}\begin{pmatrix} 1 & O \\ O & Q \end{pmatrix}$$

$$= \begin{pmatrix} \lambda_1 & O \\ O & {}^tQBQ \end{pmatrix} = \begin{pmatrix} \lambda_1 & & & O \\ & \lambda_2 & & \\ & & \ddots & \\ O & & & \lambda_n \end{pmatrix} = \Lambda$$

を得る．行列 T の列ベクトルを改めて，$\boldsymbol{p}_i$ $(i=1,2,\cdots,n)$ とおけば，$AT = T\Lambda$ より

$$(A\boldsymbol{p}_1 \quad A\boldsymbol{p}_2 \quad \cdots \quad A\boldsymbol{p}_n) = (\lambda_1\boldsymbol{p}_1 \quad \lambda_2\boldsymbol{p}_2 \quad \cdots \quad \lambda_n\boldsymbol{p}_n)$$

がわかるので，T は固有ベクトルを並べた行列である． □

例 4.4 行列 $A = \begin{pmatrix} 1 & 2 \\ 2 & -2 \end{pmatrix}$ の固有値は $\lambda = 2, -3$. 固有値 2 に対する固有ベクトルは, $c \begin{pmatrix} 2 \\ 1 \end{pmatrix}$. これを長さ 1 のベクトルにすると, $\boldsymbol{p}_1 = \dfrac{1}{\sqrt{5}} \begin{pmatrix} 2 \\ 1 \end{pmatrix}$.

同様に, 固有値 -3 に対する長さ 1 の固有ベクトルは, $\boldsymbol{p}_2 = \dfrac{1}{\sqrt{5}} \begin{pmatrix} 1 \\ -2 \end{pmatrix}$.

直交行列 $T = (\boldsymbol{p}_1 \; \boldsymbol{p}_2)$ を用いて, つぎのように対角化できる:

$${}^t T A T = \begin{pmatrix} \frac{2}{\sqrt{5}} & \frac{1}{\sqrt{5}} \\ \frac{1}{\sqrt{5}} & -\frac{2}{\sqrt{5}} \end{pmatrix} \begin{pmatrix} 1 & 2 \\ 2 & -2 \end{pmatrix} \begin{pmatrix} \frac{2}{\sqrt{5}} & \frac{1}{\sqrt{5}} \\ \frac{1}{\sqrt{5}} & -\frac{2}{\sqrt{5}} \end{pmatrix} = \begin{pmatrix} 2 & 0 \\ 0 & -3 \end{pmatrix}.$$

例題 4.3 行列 $A = \begin{pmatrix} 3 & -1 & -1 \\ -1 & 3 & -1 \\ -1 & -1 & 3 \end{pmatrix}$ について,

(1) A の固有空間をすべて求めよ.

(2) 上の固有空間の基底が正規直交系になるようにつくり, $\boldsymbol{R}^3$ をこれらの固有空間の直和で表せ.

【解答】

(1) 固有方程式は $\begin{vmatrix} 3-\lambda & -1 & -1 \\ -1 & 3-\lambda & -1 \\ -1 & -1 & 3-\lambda \end{vmatrix} = -(\lambda-1)(\lambda-4)^2 = 0$

だから, $\lambda = 1, 4$ (重根). 固有値 1 に対する固有ベクトルは

$$\begin{cases} 2x - y - x = 0 \\ -x + 2y - z = 0 \\ -x - y + 2z = 0 \end{cases} \quad \text{より} \quad c \begin{pmatrix} 1 \\ 1 \\ 1 \end{pmatrix}.$$

重根の固有値 4 に対しては, 固有ベクトルを求めるための方程式は $x + y + z = 0$ だけである. $z = c_1, y = c_2$ とおくと, 一般解は

$$\begin{pmatrix} x \\ y \\ z \end{pmatrix} = c_1 \begin{pmatrix} -1 \\ 0 \\ 1 \end{pmatrix} + c_2 \begin{pmatrix} -1 \\ 1 \\ 0 \end{pmatrix}. \quad \cdots \text{①}$$

したがって，固有空間は

$$W(1) = \left\{ c \begin{pmatrix} 1 \\ 1 \\ 1 \end{pmatrix} \right\}, \quad W(4) = \left\{ c_1 \begin{pmatrix} -1 \\ 0 \\ 1 \end{pmatrix} + c_2 \begin{pmatrix} -1 \\ 1 \\ 0 \end{pmatrix} \right\}.$$

なお，$\dim W(1) = 1$, $\dim W(4) = 2$ である．

(2) $W(1)$ の基底は $\dfrac{1}{\sqrt{3}}{}^t(1\ 1\ 1)$. $W(4)$ の基底の1つは $\dfrac{1}{\sqrt{2}}{}^t(-1\ 0\ 1)$ とし，これと直交するもう1つの基底を ① から見つけると $\dfrac{1}{\sqrt{6}}{}^t(1\ -2\ 1)$ を得る．これら3つのベクトルはたがいに直交しているので，$\boldsymbol{R}^3$ の正規直交基底となる．すなわち

$$\boldsymbol{R}^3 = W(1) \oplus W(4) = \left\langle \frac{1}{\sqrt{3}} \begin{pmatrix} 1 \\ 1 \\ 1 \end{pmatrix}, \ \frac{1}{\sqrt{2}} \begin{pmatrix} -1 \\ 0 \\ 1 \end{pmatrix}, \ \frac{1}{\sqrt{6}} \begin{pmatrix} 1 \\ -2 \\ 1 \end{pmatrix} \right\rangle.$$

正規直交基底を並べた直交行列を

$$T = \begin{pmatrix} \frac{1}{\sqrt{3}} & \frac{-1}{\sqrt{2}} & \frac{1}{\sqrt{6}} \\ \frac{1}{\sqrt{3}} & 0 & \frac{-2}{\sqrt{6}} \\ \frac{1}{\sqrt{3}} & \frac{1}{\sqrt{2}} & \frac{1}{\sqrt{6}} \end{pmatrix} \quad \text{とおけば} \quad {}^tTAT = \begin{pmatrix} 1 & 0 & 0 \\ 0 & 4 & 0 \\ 0 & 0 & 4 \end{pmatrix} \quad \text{を得る．}$$

$\diamondsuit$

問 4. つぎの行列を直交行列により対角化せよ．

(1) $\begin{pmatrix} 2 & -3 \\ -3 & 2 \end{pmatrix}$　　(2) $\begin{pmatrix} 0 & -2 \\ -2 & 0 \end{pmatrix}$　　(3) $\begin{pmatrix} 2 & 0 & -1 \\ 0 & 2 & 0 \\ -1 & 0 & 2 \end{pmatrix}$

ここで，対角化ができない非対称行列について考える．つぎの三角化の定理は，対角化と同じくらい重要であり，役に立つ．

定理 4.4 n 次正方行列 A の固有値を $\lambda_1, \lambda_2, \cdots, \lambda_n$ （重複根をもつ場合を含む）とする．このとき，適当な n 次正則行列 P があって，

$$P^{-1}AP = \begin{pmatrix} \lambda_1 & * & \cdots & & * \\ 0 & \lambda_2 & * & \cdots & * \\ \vdots & & \ddots & \ddots & \vdots \\ 0 & \cdots & & 0 & \lambda_n \end{pmatrix} \tag{4.10}$$

と上三角行列に変形できる．

証明 n に関する帰納法により証明する．$n=2$ のとき，$A = \begin{pmatrix} a & b \\ c & d \end{pmatrix}$ とおくと，固有方程式は $\varphi_A(\lambda) = \lambda^2 - (a+d)\lambda + ad - bc = 0$. これが重根をもたないとき，定理 4.2 より対角化可能なので定理は成り立つ．$\varphi_A(\lambda) = 0$ が重根をもつのは

$$(a-d)^2 + 4bc = 0 \quad \cdots \quad (*)$$

のときである．もし $c = 0$ ならば $a = d$ でなければならず，このときすでに上三角行列になっているので定理は成り立つ．

$c \neq 0$ の場合，$P = \begin{pmatrix} a-d & 2(1-b) \\ 2c & a-d \end{pmatrix}$ とおくと，$|P| = (a-d)^2 + 4bc - 4c = -4c \neq 0$（$(*)$ より）だから，P は正則である．このとき，式 $(*)$ が成り立つことを考慮すると，

$$P^{-1}AP = \begin{pmatrix} \dfrac{a+d}{2} & 1 \\ 0 & \dfrac{a+d}{2} \end{pmatrix}$$

を得る．すなわち，$n=2$ のとき，定理は成り立つ．

ここで，$(n-1)$ 次正方行列に対し定理は成り立つと仮定する．ここから先の証明は，定理 4.3 (3) とほぼ同じなので簡略に記す．n 次正方行列 A の 1 つの固有値を λ_1 とし，これに対する長さ 1 の固有ベクトルを $\boldsymbol{p}_1$ とする．そして $\{\boldsymbol{p}_1, \boldsymbol{p}_2, \cdots, \boldsymbol{p}_n\}$ が正規直交基底になるように $\boldsymbol{p}_2$ 以下のベクトルを選ぶ．$P = (\boldsymbol{p}_1 \; \boldsymbol{p}_2 \; \cdots \; \boldsymbol{p}_n)$ とおくと，

4.2 行列の対角化

$$P^{-1}AP = {}^tP(A\boldsymbol{p}_1 \quad A\boldsymbol{p}_2 \quad \cdots \quad A\boldsymbol{p}_n) = \begin{pmatrix} {}^t\boldsymbol{p}_1 \\ {}^t\boldsymbol{p}_2 \\ \vdots \\ {}^t\boldsymbol{p}_n \end{pmatrix}(\lambda_1\boldsymbol{p}_1 \quad A\boldsymbol{p}_2 \quad \cdots \quad A\boldsymbol{p}_n)$$

$$= \begin{pmatrix} \lambda_1 & (\boldsymbol{p}_1, A\boldsymbol{p}_2) & \cdots & (\boldsymbol{p}_1, A\boldsymbol{p}_n) \\ 0 & & & \\ \vdots & & B & \\ 0 & & & \end{pmatrix}$$

となる.ここに,B は $(n-1)$ 次正方行列であり,帰納法の仮定から,適当な正則行列 Q があって

$$Q^{-1}BQ = \begin{pmatrix} \lambda_2 & * & \cdots & * \\ & \lambda_3 & \cdots & * \\ & & \ddots & \vdots \\ O & & & \lambda_n \end{pmatrix}$$

と上三角行列に変形できる.$R = \begin{pmatrix} 1 & O \\ O & Q \end{pmatrix}$ とおけば,R は正則行列.したがって $T = PR$ も正則行列になり

$$T^{-1}AT = R^{-1}(P^{-1}AP)R = R^{-1}\begin{pmatrix} \lambda_1 & * \\ O & B \end{pmatrix}R$$

$$= \begin{pmatrix} 1 & O \\ O & Q^{-1} \end{pmatrix}\begin{pmatrix} \lambda_1 & * \\ O & B \end{pmatrix}\begin{pmatrix} 1 & O \\ O & Q \end{pmatrix}$$

$$= \begin{pmatrix} \lambda_1 & * & \cdots & * \\ & \lambda_2 & \cdots & * \\ & & \ddots & \vdots \\ O & & & \lambda_n \end{pmatrix}$$

を得る. □

注意:上の定理における行列 P のつくり方は基本的には定理 4.2 と同様に固有ベクトルを並べればよいのであるが,固有値 λ が重複度 α のとき,**一般化された固有空間**

$$W_\alpha(\lambda) = \{\ \boldsymbol{x}\ |\ (A - \lambda E)^\alpha \boldsymbol{x} = \boldsymbol{o}\ \} \tag{4.11}$$

から α 個の 1 次独立なベクトルを選べばよいことが知られている．具体的には，$A\bm{x}_1 = \lambda \bm{x}_1$ として，$(A-\lambda E)\bm{x}_2 = \bm{x}_1, \cdots, (A-\lambda E)\bm{x}_\alpha = \bm{x}_{\alpha-1}$ を満たす α 個のベクトル $\bm{x}_1, \bm{x}_2, \cdots, \bm{x}_\alpha$ をつくればよい．

実際に，
$$(A-\lambda E)^2 \bm{x}_2 = (A-\lambda E)\bm{x}_1 = \bm{o}, \cdots,$$
$$(A-\lambda E)^\alpha \bm{x}_\alpha = (A-\lambda E)^{\alpha-1}\bm{x}_{\alpha-1} = \cdots = (A-\lambda E)\bm{x}_1 = \bm{o}$$

となるので，$\bm{x}_1, \bm{x}_2, \cdots, \bm{x}_\alpha$ は $W_\alpha(\lambda)$ に属するベクトルであり，またそれらが 1 次独立であることも証明できる．しかしながらこの部分に関する理論は，複雑で長くなるので省略する（必要とあらば，文献 [3]，p.147 以降を参照せよ）．

例題 4.4 行列 $A = \begin{pmatrix} 1 & 1 \\ -1 & 3 \end{pmatrix}$ の三角化を実現する行列 P を求めよ．

【解答】 $|A-\lambda E| = (\lambda-2)^2 = 0$ より，$\lambda = 2$（重根）．方程式 $(A-2E)\bm{x} = \bm{o}$ は，$-x+y=0$ と同等なので，1 つの解を $\bm{x}_1 = {}^t(1\ 1)$ とする．$(A-2E)\bm{x} = \bm{x}_1$ は，$-x+y=1$ なので，$\bm{x}_2 = {}^t(0\ 1)$ と選び，$P = (\bm{x}_1\ \bm{x}_2)$ とおくと

$$P^{-1}AP = \begin{pmatrix} 1 & 0 \\ -1 & 1 \end{pmatrix} \begin{pmatrix} 1 & 1 \\ -1 & 3 \end{pmatrix} \begin{pmatrix} 1 & 0 \\ 1 & 1 \end{pmatrix} = \begin{pmatrix} 2 & 1 \\ 0 & 2 \end{pmatrix}. \qquad \diamondsuit$$

例題 4.5 例題 4.2 の行列 B に対して，三角化を実現する行列 P を求めよ．

【解答】 $\lambda = 1$（重根）に対する 1 つの固有ベクトルを ${}^t\bm{x}_1 = (1\ 2\ -1)$ とおく．$(B-E)\bm{x} = \bm{x}_1$ は，

$$\begin{cases} -x+y+z=1 \\ 2x+2z=2 \\ x-y-z=-1 \end{cases} \quad \text{となり，解} \quad \bm{x} = \begin{pmatrix} 1-c \\ 2-2c \\ c \end{pmatrix} \text{を得る．}$$

$c = 0$ とおいて $\bm{x}_2 = {}^t(1\ 2\ 0)$ とする．$\bm{x}_1, \bm{x}_2$ が 1 次独立なのは明らかである．

ここで，$\lambda = -1$ の固有ベクトル ${}^t\bm{x} = (1\ 0\ -1)$ と上の 2 つのベクトル $\bm{x}_1, \bm{x}_2$ を並べた行列を P とおくと次式を得る．

$$P^{-1}BP = \frac{1}{2}\begin{pmatrix} 2 & -1 & 0 \\ -2 & 1 & -2 \\ 2 & 0 & 2 \end{pmatrix}\begin{pmatrix} 0 & 1 & 1 \\ 2 & 1 & 2 \\ 1 & -1 & 0 \end{pmatrix}\begin{pmatrix} 1 & 1 & 1 \\ 0 & 2 & 2 \\ -1 & -1 & 0 \end{pmatrix}$$
$$= \begin{pmatrix} -1 & 0 & 0 \\ 0 & 1 & 1 \\ 0 & 0 & 1 \end{pmatrix}. \qquad \diamondsuit$$

前ページの注意で述べた方法で三角化したとき,上の例で見たような重根に対応する部分の三角行列 $\begin{pmatrix} 2 & 1 \\ 0 & 2 \end{pmatrix}$, $\begin{pmatrix} 1 & 1 \\ 0 & 1 \end{pmatrix}$ などは**ジョルダン細胞**と呼ばれ,結果としての三角行列は**ジョルダンの標準形**と呼ばれる.例えば,つぎの三角行列(空白の部分の成分はすべて0)

$$\begin{pmatrix} 3 & 1 & & & \\ 0 & 3 & & & \\ & & -2 & 1 & 0 \\ & & 0 & -2 & 1 \\ & & 0 & 0 & -2 \end{pmatrix}$$

は,$\dim W(3) = 1$, $\dim W(-2) = 1$ のときのジョルダンの標準形で,2つのジョルダン細胞からなる.

この節の最後に,三角化の定理 4.4 から導かれる有名な定理を証明なしであげる (証明は,例えば文献 [5], p.133 を参照せよ).

定理 4.5 (**ケイリー・ハミルトン**(Cayley-Hamilton)**の定理**) n 次正方行列 A の固有方程式を

$$\varphi_A(x) = a_n x^n + a_{n-1} x^{n-1} + \cdots + a_1 x + a_0 = 0$$

とすると,

$$\varphi_A(A) = a_n A^n + a_{n-1} A^{n-1} + \cdots + a_1 A + a_0 E = O$$

が成り立つ.

定理 4.6 （フロベニウス (Frobenius) の定理） $g(x)$ を x の多項式, $\lambda_1, \lambda_2, \cdots, \lambda_n$ を A の n 個の固有値とする. このとき, $g(\lambda_1), g(\lambda_2), \cdots, g(\lambda_n)$ が行列 $g(A)$ の n 個の固有値となる. また, $g(\lambda_i)$ $(i = 1, 2, \cdots, n)$ に対する固有ベクトルは, λ_i に対する A の固有ベクトルと同じである.

問　題　4.2

問 1. つぎの行列を対角化せよ. できない場合は三角化せよ.

(1) $\begin{pmatrix} 2 & 1 \\ 3 & 4 \end{pmatrix}$ (2) $\begin{pmatrix} \frac{1}{2} & -\frac{\sqrt{3}}{2} \\ \frac{\sqrt{3}}{2} & \frac{1}{2} \end{pmatrix}$ (3) $\begin{pmatrix} 1 & 1 & 2 \\ 0 & 2 & 2 \\ -1 & 1 & 1 \end{pmatrix}$ (4) $\begin{pmatrix} 0 & 1 & 2 \\ 4 & 0 & -4 \\ -4 & 2 & 6 \end{pmatrix}$

問 2. つぎの対称行列を A として, 直交行列 T により対角化せよ.

(1) $\begin{pmatrix} \sin\theta & \cos\theta \\ \cos\theta & \sin\theta \end{pmatrix}$ (2) $\begin{pmatrix} 1 & 1 & a \\ 1 & a & 1 \\ a & 1 & 1 \end{pmatrix}$ (3) $\begin{pmatrix} 0 & 0 & 1 \\ 0 & 1 & 0 \\ 1 & 0 & 0 \end{pmatrix}$

問 3. つぎの行列を A として, A^n を求めよ.

(1) $\begin{pmatrix} 2 & 1 \\ 0 & 2 \end{pmatrix}$ (2) $\begin{pmatrix} 3 & -1 \\ 1 & 1 \end{pmatrix}$ (3) $\begin{pmatrix} 4 & 1 \\ -1 & 2 \end{pmatrix}$ (4) $\begin{pmatrix} 1 & 2 & 1 \\ -1 & 3 & 1 \\ 0 & 1 & 2 \end{pmatrix}$

問 4. つぎの各問に答えよ.

(1) 直交行列 $T = \begin{pmatrix} \cos\theta & -\sin\theta \\ \sin\theta & \cos\theta \end{pmatrix}$ の固有値を求め, $|\lambda| = 1$ であることを確かめよ. また, 対角化できることを確かめよ.

(2) n 次正方行列 A が 0 を固有値にもつ必要十分条件は, $|A| = 0$ であることを示せ.

(3) $A^2 = A$ を満たす n 次正方行列の固有値は 0 か 1 であることを示せ.

問 5. 2×2 行列 A の固有値を λ_1, λ_2 とする. つぎのことを証明せよ.

(1) $\lambda_1 \neq \lambda_2$ のとき, $A^n = \dfrac{\lambda_1^n}{\lambda_1 - \lambda_2}(A - \lambda_2 E) + \dfrac{\lambda_2^n}{\lambda_2 - \lambda_1}(A - \lambda_1 E)$.

(2) $\lambda_1 = \lambda_2$ のとき, $A^n = n\lambda_1^{n-1}A - (n-1)\lambda_1^n E$.

(3) (2) の結果は, (1) において $\displaystyle\lim_{\lambda_2 \to \lambda_1} A^n$ を計算することにより得られることを示せ.

4.3 固有値と固有ベクトルの応用 *

4.3.1 微分方程式への応用

時間 t と共に変化する 2 つの量 x, y がたがいに関係していて, それらの変化率が 2 つの量の和や差などで表されるとき, この現象が表す方程式は

$$\begin{cases} \dfrac{dx}{dt} = ax + by \\ \dfrac{dy}{dt} = cx + dy \end{cases} \tag{4.12}$$

となる. この式を満たす 2 つの関数 $x(t), y(t)$ が見つかれば, その現象が解明されたことになる. これは 2 変数の微分方程式の中でも最も簡単な方程式であり, **連立 1 階線形微分方程式**と呼ばれる. 係数行列を A, ベクトルを $\boldsymbol{x} = {}^t(x \ y)$ とおいて書き直すと

$$\begin{pmatrix} x' \\ y' \end{pmatrix} = \begin{pmatrix} a & b \\ c & d \end{pmatrix} \begin{pmatrix} x \\ y \end{pmatrix} \iff \boldsymbol{x}' = A\boldsymbol{x} \tag{4.13}$$

となる.

行列 A は対角化可能として, 式 (4.13) の解を求めよう. すなわち, A の固有値を α, β, これらの固有ベクトルを $\boldsymbol{p}_1, \boldsymbol{p}_2$ とし, $P = (\boldsymbol{p}_1 \ \boldsymbol{p}_2)$ とおくと

$$P^{-1}AP = \begin{pmatrix} \alpha & 0 \\ 0 & \beta \end{pmatrix} = \Lambda$$

が成り立つと仮定する. $\boldsymbol{y} = {}^t(y_1 \ y_2)$, $\boldsymbol{x} = P\boldsymbol{y}$ とおくと, $\boldsymbol{x}' = P\boldsymbol{y}'$. $\boldsymbol{y}' =$

$P^{-1}\boldsymbol{x}'$ なので,式 (4.13) より

$$P^{-1}\boldsymbol{x}' = P^{-1}AP\boldsymbol{y} \iff \boldsymbol{y}' = \Lambda\boldsymbol{y}.$$

この方程式は

$$\begin{pmatrix} y_1' \\ y_2' \end{pmatrix} = \begin{pmatrix} \alpha & 0 \\ 0 & \beta \end{pmatrix} \begin{pmatrix} y_1 \\ y_2 \end{pmatrix} \iff \begin{cases} y_1' = \alpha y_1 \\ y_2' = \beta y_2 \end{cases} \tag{4.14}$$

と書けるので,2つの単独の方程式を解けばよい.式 (4.14) の一般解は $y_1 = c_1 e^{\alpha t}$, $y_2 = c_2 e^{\beta t}$ なので,$\boldsymbol{x} = P\boldsymbol{y}$ に代入して,方程式 (4.13) の一般解は

$$\begin{pmatrix} x \\ y \end{pmatrix} = (\boldsymbol{p}_1 \ \boldsymbol{p}_2) \begin{pmatrix} y_1 \\ y_2 \end{pmatrix} = c_1 e^{\alpha t}\boldsymbol{p}_1 + c_2 e^{\beta t}\boldsymbol{p}_2 \tag{4.15}$$

となる.ここに,$e^{\alpha t}\boldsymbol{p}_1$, $e^{\beta t}\boldsymbol{p}_2$ は方程式 (4.13) の**基本解**と呼ばれる.すなわち,一般解は2つの1次独立な基本解の1次結合で表される.$\boldsymbol{p}_1 = {}^t(p_{11} \ p_{21})$, $\boldsymbol{p}_2 = {}^t(p_{12} \ p_{22})$ とおいて,解を成分ごとに表せば

$$\begin{cases} x = c_1 p_{11} e^{\alpha t} + c_2 p_{12} e^{\beta t} \\ y = c_1 p_{21} e^{\alpha t} + c_2 p_{22} e^{\beta t} \end{cases} \tag{4.16}$$

である.

さて,時刻 0(または t_0)のときの初期値が ${}^t(x_0 \ y_0)$ である**初期値問題**

$$\begin{pmatrix} x' \\ y' \end{pmatrix} = \begin{pmatrix} a & b \\ c & d \end{pmatrix} \begin{pmatrix} x \\ y \end{pmatrix}, \quad \begin{pmatrix} x(0) \\ y(0) \end{pmatrix} = \begin{pmatrix} x_0 \\ y_0 \end{pmatrix} \tag{4.17}$$

を考える.もし式 (4.16) のような一般解がわかっていれば,この式に $t=0$ を代入すると連立1次方程式

$$\begin{cases} p_{11}c_1 + p_{12}c_2 = x_0 \\ p_{21}c_1 + p_{22}c_2 = y_0 \end{cases}$$

が得られる．p_1, p_2 は1次独立なので，上の連立1次方程式の係数行列の行列式は $|p_1 \ p_2| \neq 0$ であり，解 $\{c_1, c_2\}$ が1組求まる．すなわち，初期値問題の解は一意に定まる．

例題 4.6 初期値問題

$$\begin{pmatrix} x' \\ y' \end{pmatrix} = \begin{pmatrix} 2 & 4 \\ 1 & -1 \end{pmatrix} \begin{pmatrix} x \\ y \end{pmatrix}, \quad \begin{pmatrix} x(0) \\ y(0) \end{pmatrix} = \begin{pmatrix} x_0 \\ y_0 \end{pmatrix}$$

の解を求めよ．

【解答】 $|A - \lambda E| = \begin{vmatrix} 2-\lambda & 4 \\ 1 & -1-\lambda \end{vmatrix} = (\lambda-3)(\lambda+2) = 0$ より，$\lambda = 3, -2$.

$\lambda = 3$ に対する1つの固有ベクトルは $p_1 = \begin{pmatrix} 4 \\ 1 \end{pmatrix}$，$\lambda = -2$ に対しては $p_2 = \begin{pmatrix} 1 \\ -1 \end{pmatrix}$．したがって，一般解は

$$\begin{cases} x = 4c_1 e^{3t} + c_2 e^{-2t} \\ y = c_1 e^{3t} - c_2 e^{-2t}. \end{cases}$$

ここで，初期値を考えると，連立1次方程式

$$\begin{cases} 4c_1 + c_2 = x_0 \\ c_1 - c_2 = y_0. \end{cases}$$

を解いて $c_1 = \dfrac{x_0 + y_0}{5}$, $c_2 = \dfrac{x_0 - 4y_0}{5}$ を得るので，初期値問題の解は

$$\begin{pmatrix} x \\ y \end{pmatrix} = \frac{x_0 + y_0}{5} \cdot e^{3t} \begin{pmatrix} 4 \\ 1 \end{pmatrix} + \frac{x_0 - 4y_0}{5} \cdot e^{-2t} \begin{pmatrix} 1 \\ -1 \end{pmatrix}.$$

図 **4.1** は xy 平面上での解の流れを示したものである．固有空間 $W(-2)$ 上の任意の点（$x_0 + y_0 = 0$ を満たす点）を出発値とした解は，その空間上を原点に近づき，$W(3)$ 上の任意の点（$x_0 - 4y_0 = 0$ を満たす点）を出発値とした解は，$W(3)$ 上を原点から遠ざかり無限遠点に向かう．固有空間上にない点を出発値とした解は，図に示すように動き，やがて $W(3)$ に近づきながら無限遠点に向かう．すなわち，解の動きは行列 A の固有値と固有ベクトルに支配されている． ◇

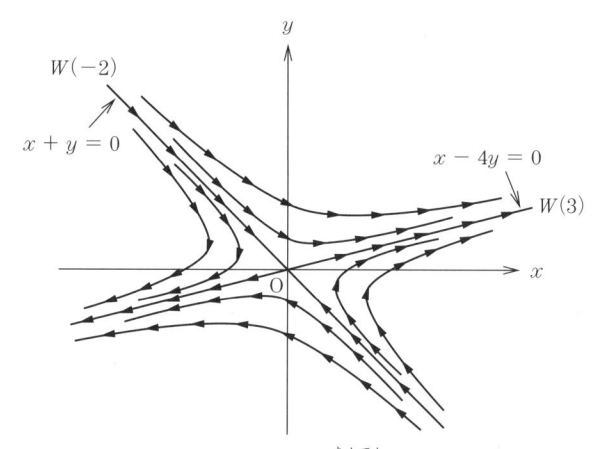

図 4.1　解の流れ，原点は鞍点(saddle point)

例題 4.7　方程式 (4.13) の係数行列 A の固有値が複素根 $\alpha \pm i\beta$ のとき，実数関数としての一般解を構成せよ．

【解答】　固有値 $\alpha \pm i\beta$ に対する固有ベクトルを $\bm{p} \pm i\bm{q}$ とする．複素関数としての 2 つの基本解は

$$\bm{x}^{(1)} = e^{(\alpha+i\beta)t}(\bm{p}+i\bm{q}) = e^{\alpha t}(\cos\beta t + i\sin\beta t)(\bm{p}+i\bm{q}),$$
$$\bm{x}^{(2)} = e^{(\alpha-i\beta)t}(\bm{p}-i\bm{q}) = e^{\alpha t}(\cos\beta t - i\sin\beta t)(\bm{p}-i\bm{q}) \quad (4.18)$$

である．$\bm{y}^{(1)} = \dfrac{1}{2}(\bm{x}^{(1)}+\bm{x}^{(2)})$, $\bm{y}^{(2)} = \dfrac{1}{2i}(\bm{x}^{(1)}-\bm{x}^{(2)})$ とおくと，これらは共に方程式 (4.13) の解であり，しかも虚数単位 i を含まない実数関数である（定理 3.4 参照）：

$$\bm{y}^{(1)} = e^{\alpha t}(\bm{p}\cos\beta t - \bm{q}\sin\beta t),$$
$$\bm{y}^{(2)} = e^{\alpha t}(\bm{p}\sin\beta t + \bm{q}\cos\beta t). \quad (4.19)$$

これらの 1 次結合　$\bm{x} = c_1\bm{y}^{(1)} + c_2\bm{y}^{(2)}$　が実数関数としての一般解である．　◇

4.3 固有値と固有ベクトルの応用 *

例 4.5 $x' = \begin{pmatrix} 2 & -1 \\ 2 & 4 \end{pmatrix} x$ の一般解を求めよ．

【解答】 固有方程式 $\lambda^2 - 6\lambda + 10 = 0$ より，$\lambda = 3 \pm i$. 対応する固有ベクトルとして $\begin{pmatrix} 1 \\ -1 \end{pmatrix} \pm i \begin{pmatrix} 0 \\ -1 \end{pmatrix}$ を選ぶ．このとき，式 (4.19) より

$$\boldsymbol{y}^{(1)} = e^{3t} \begin{pmatrix} \cos t \\ -\cos t + \sin t \end{pmatrix}, \quad \boldsymbol{y}^{(2)} = e^{3t} \begin{pmatrix} \sin t \\ -\cos t - \sin t \end{pmatrix}.$$

一般解 $\boldsymbol{x} = c_1 \boldsymbol{y}^{(1)} + c_2 \boldsymbol{y}^{(2)}$ はつぎのようになる：

$$\begin{pmatrix} x \\ y \end{pmatrix} = e^{3t} \begin{pmatrix} c_1 \cos t + c_2 \sin t \\ -(c_1 + c_2) \cos t + (c_1 - c_2) \sin t \end{pmatrix}.$$

◇

問 5. つぎの微分方程式の一般解を求めよ．
(1) $x' = \begin{pmatrix} -2 & 1 \\ 1 & -2 \end{pmatrix} x$ (2) $x' = \begin{pmatrix} 3 & -4 \\ 1 & -2 \end{pmatrix} x$ (3) $x' = \begin{pmatrix} -2 & 1 \\ -3 & 0 \end{pmatrix} x$

問 6. 行列 A は重根の固有値 α をもち，対角化できないとき，例題 4.4 のようにある行列 $P = (\boldsymbol{p}_1 \; \boldsymbol{p}_2)$ が存在して，$P^{-1}AP = \begin{pmatrix} \alpha & 1 \\ 0 & \alpha \end{pmatrix}$ と三角化できる．このとき，$\boldsymbol{x}' = A\boldsymbol{x}$ の一般解は $\boldsymbol{x} = (c_1 + c_2 t)e^{\alpha t} \boldsymbol{p}_1 + c_2 e^{\alpha t} \boldsymbol{p}_2$ となることを示せ．

問 7. 独立変数が t の 2 階線形微分方程式

$$x'' + px' + qx = 0 \quad (\text{p, q は定数}) \tag{4.20}$$

は，$y = x'$ とおくとつぎの連立 1 階線形微分方程式に変換されることを示せ：

$$\begin{pmatrix} x' \\ y' \end{pmatrix} = \begin{pmatrix} 0 & 1 \\ -q & -p \end{pmatrix} \begin{pmatrix} x \\ y \end{pmatrix}. \tag{4.21}$$

また，上の係数行列の固有方程式は (4.20) の特性方程式と一致することを確かめよ．

ここで，微分方程式 $\boldsymbol{x}' = A\boldsymbol{x}$ の解の性質を考えよう．すでに，一般解や基本解の形は式 (4.15), (4.19) および問 6. の中で示されたように，すべて出そ

ろっている.最初に,原点から出発した解はそこから動かないことに注意されたい.すなわち,$x = o$ という解は自明な解であり,**平衡点**(または**固定点**)と呼ばれている.以下,自明解以外の解について考える.

式 (4.15) からわかることは

(i) $\alpha < 0, \beta < 0$ のとき,すべての解は $t \to \infty$ のとき原点に近づく(図 **4.2**,原点は**安定結節点**);

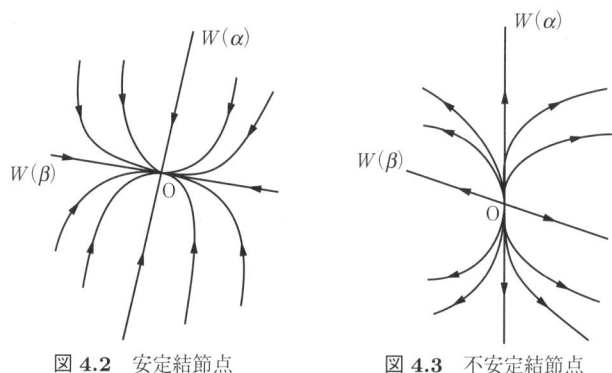

図 4.2 安定結節点   図 4.3 不安定結節点

(ii) $\alpha < 0, \beta > 0$ のとき,$W(\alpha)$ 上から出発した解は原点に近づく.$W(\alpha)$ 以外の点から出た解はすべて無限遠点に発散する.このとき原点は**鞍点**と呼ばれる(図 4.1 参照);

(iii) $\alpha > 0, \beta > 0$ のとき,すべての解は発散する(図 **4.3**,原点は**不安定結節点**).

固有値が複素数 $\alpha \pm i\beta$ のとき,式 (4.19) からわかることは

(iv) $\alpha < 0$ のとき,すべての解は渦巻状に原点に近づく(図 **4.4**,原点は**安定渦心点**);

(v) $\alpha > 0$ のとき,すべての解は渦巻状に原点から離れて発散する(図 **4.5**,原点は**不安定渦心点**);

(vi) $\alpha = 0$ のとき,すべての解は原点を内に含む楕円上を動く(周期解)(図 **4.6**,原点は**中心**).

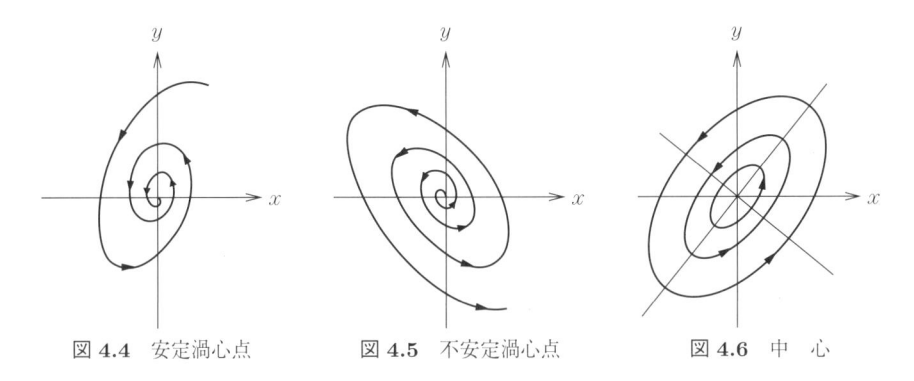

図 4.4　安定渦心点　　図 4.5　不安定渦心点　　図 4.6　中　心

上の結果および問 6. の内容などから，線形方程式 $\bm{x}' = A\bm{x}$ に対してつぎの定理を得る．しかもこの結果は，一般の n 次元線形方程式に対しても成り立つことが証明されている．

定理 4.7　n 次正方行列 A の固有値を $\lambda_j\ (j = 1, 2, \cdots, n)$ とする．もし，すべての j に対して $\mathrm{Re}(\lambda_j) < 0$ ならば，線型方程式 $\bm{x}' = A\bm{x}$ のすべての解は $t \to \infty$ のとき原点に近づく．

注意：$\mathrm{Re}(\lambda)$ は複素数 λ の実数部を表す．またこの定理では，原点（平衡点）$\bm{x} = \bm{o}$ は**漸近安定**であるといわれる．

最後に，一般の連立非線形微分方程式

$$\frac{d\bm{x}}{dt} = \begin{pmatrix} \frac{dx}{dt} \\ \frac{dy}{dt} \end{pmatrix} = \begin{pmatrix} f(x,y) \\ g(x,y) \end{pmatrix} \tag{4.22}$$

と線形微分方程式 $\bm{x}' = A\bm{x}$ との関係にふれる．式 (4.22) で，$f(x,y) = 0, g(x,y) = 0$ を満たす点 $(\bar{x}, \bar{y})$ は，微分方程式の**平衡点**（または**固定点**）と呼ばれる．平衡点がこの非線形微分方程式の自明な解であることは，線形方程式の場合と同様である．

方程式 (4.22) において，平衡点は原点 $\bm{o}$ であると仮定しても一般性は失われない．なぜならば，$X = x - \bar{x},\ Y = y - \bar{y}$ とおけば，式 (4.22) は

$$\begin{pmatrix} X' \\ Y' \end{pmatrix} = \begin{pmatrix} f(X+\bar{x}, Y+\bar{y}) \\ g(X+\bar{x}, Y+\bar{y}) \end{pmatrix}$$

となり，$(X,Y) = (0,0)$ を平衡点にもつようにできるからである．

さて非線型方程式 (4.22) において，$f(0,0) = 0$，$g(0,0) = 0$ を仮定し，$f(x,y)$, $g(x,y)$ は x, y に関して 2 階偏微分可能とすると，

$$f(x,y) = f_x(0,0)x + f_y(0,0)y$$
$$+ \frac{1}{2!}\left(x^2 \frac{\partial^2}{\partial x^2} + 2xy \frac{\partial^2}{\partial x \partial y} + y^2 \frac{\partial^2}{\partial y^2}\right) f(\theta x, \theta y) \quad (4.23)$$

のようにテイラー展開できる．ただし，θ は $0 < \theta < 1$ を満たす適当な定数である．$g(x,y)$ についても同様にテイラー展開できるので，$a = f_x(0,0)$，$b = f_y(0,0)$，$c = g_x(0,0)$，$d = g_y(0,0)$ とおき，さらに式 (4.23) の 2 次の項を $h_1(x,y)$，$g(x,y)$ のテイラー展開の 2 次の項を $h_2(x,y)$ とおくと，方程式 (4.22) は

$$\boldsymbol{x}' = \begin{pmatrix} a & b \\ c & d \end{pmatrix} \boldsymbol{x} + \begin{pmatrix} h_1(x,y) \\ h_2(x,y) \end{pmatrix} \quad (4.24)$$

と表される．$h_1(0,0) = 0$，$h_2(0,0) = 0$ は明らかなので，$\boldsymbol{x} = \boldsymbol{o}$ は方程式 (4.24) の平衡点である．この方程式を $\boldsymbol{x}' = A\boldsymbol{x} + \boldsymbol{h}(\boldsymbol{x})$ と表すとき，$\boldsymbol{x}' = A\boldsymbol{x}$ を方程式 (4.22) の**線形化方程式**と呼ぶ．

非線形方程式 (4.24) を原点の近傍で考えたとき，それは線形化方程式 $\boldsymbol{x}' = A\boldsymbol{x}$ に微小な摂動 $\boldsymbol{h}(\boldsymbol{x})$ が加えられたと考えることができるので，方程式 (4.24) の解は線形化方程式の解とほぼ同じ動きをするのではないかということが期待される．このことに対する答えがつぎの定理である．

定理 4.8（**Hartman-Grobman の定理**）　非線形方程式 (4.22) は $\boldsymbol{o}$ を平衡点にもつとする．これの線形化方程式　$\boldsymbol{x}' = A\boldsymbol{x}$　の行列 A の固有値の実数部はすべて 0 でないとする．

このとき，平衡点 o の近傍において，非線形方程式 (4.22) の解の流れと線形化方程式 $x' = Ax$ の解の流れは 1 対 1 に対応する．

注意：上の定理は，あくまで原点の近傍における結果であることに注意せよ．また局所的に 2 つの方程式の解が 1 対 1 に対応するという意味は，正確には **位相的同等** (topologically equivalent) と呼ばれている性質である（詳しくは，文献 [7], p.38 を参照）．

例 4.6 非線形方程式 $\begin{cases} x' = -x + xy^2 \\ y' = -2y - 3x^2y \end{cases}$ の線形化方程式は $x' = \begin{pmatrix} -1 & 0 \\ 0 & -2 \end{pmatrix} x$ なので，固有値は $-1, -2$．したがって，非線形方程式の原点近くから出発するすべての解は，$t \to \infty$ のとき原点に近づく．すなわち，平衡点 o は漸近安定である．

4.3.2 差分方程式への応用

離散的な時間 $n = 0, 1, 2, \cdots$ の上で変化する 2 つの変数 x_n, y_n についての方程式

$$\begin{pmatrix} x_{n+1} \\ y_{n+1} \end{pmatrix} = \begin{pmatrix} a & b \\ c & d \end{pmatrix} \begin{pmatrix} x_n \\ y_n \end{pmatrix} \iff x_{n+1} = A x_n \tag{4.25}$$

を **連立 1 階線形差分方程式** という．初期値 $x_0 = \begin{pmatrix} x_0 \\ y_0 \end{pmatrix}$ を与えれば，順番に $\begin{pmatrix} x_1 \\ y_1 \end{pmatrix}, \begin{pmatrix} x_2 \\ y_2 \end{pmatrix}, \cdots, \begin{pmatrix} x_n \\ y_n \end{pmatrix}, \cdots$ が求められる．これらを差分方程式 (4.25) の **解** と呼ぶ．差分方程式 (4.25) の解を求めよう．$x_n = A x_{n-1} = A^2 x_{n-2} = \cdots = A^n x_0$ と書けるので，A^n がわかれば x_n を n と x_0, y_0 で表すことができる．

例 4.7 差分方程式 $\begin{pmatrix} x_{n+1} \\ y_{n+1} \end{pmatrix} = \begin{pmatrix} -1 & \frac{1}{2} \\ 3 & -\frac{1}{2} \end{pmatrix} \begin{pmatrix} x_n \\ y_n \end{pmatrix}$, $(n = 0, 1, 2, \cdots)$
の解を n, x_0, y_0 を用いて表せ.

【解答】 係数行列 A の固有方程式は $\left(\lambda - \frac{1}{2}\right)(\lambda + 2) = 0$ より, 固有値は $\frac{1}{2}, -2$. 固有ベクトルとしてそれぞれ ${}^t(1\ 3), {}^t(1\ -2)$ をとり, $P = \begin{pmatrix} 1 & 1 \\ 3 & -2 \end{pmatrix}$ とおくと, $P^{-1} = \frac{1}{5}\begin{pmatrix} 2 & 1 \\ 3 & -1 \end{pmatrix}$, $P^{-1}AP = \begin{pmatrix} \frac{1}{2} & 0 \\ 0 & -2 \end{pmatrix} = \Lambda$ となる. このとき

$$\boldsymbol{x}_n = P\Lambda^n P^{-1}\boldsymbol{x}_0 = \frac{1}{5}\begin{pmatrix} 2(\frac{1}{2})^n + 3(-2)^n & (\frac{1}{2})^n - (-2)^n \\ 6(\frac{1}{2})^n - 6(-2)^n & 3(\frac{1}{2})^n + 2(-2)^n \end{pmatrix}\begin{pmatrix} x_0 \\ y_0 \end{pmatrix}.$$

成分表示すると,

$$x_n = \left(\frac{2}{5}x_0 + \frac{1}{5}y_0\right)\left(\frac{1}{2}\right)^n + \left(\frac{3}{5}x_0 - \frac{1}{5}y_0\right)(-2)^n,$$

$$y_n = 3\left(\frac{2}{5}x_0 + \frac{1}{5}y_0\right)\left(\frac{1}{2}\right)^n - 2\left(\frac{3}{5}x_0 - \frac{1}{5}y_0\right)(-2)^n.$$

初期値が固有空間 $W\left(\frac{1}{2}\right)$ 上にあるとき ($3x_0 - y_0 = 0$ のとき) 解は原点に収束し, 初期値が $W(-2)$ 上にあるときは振動しながら発散する. 初期値が固有空間上にないときは, 図 **4.7** に示すような動きをする. 微分方程式の場合と同じように, この方程式の原点は平衡点で, 鞍点である. ◇

方程式 (4.25) の行列 A が, 実数の 2 つの固有値 α, β をもつとき,

$$\boldsymbol{x}_n = A^n\boldsymbol{x}_0 = P\Lambda^n P^{-1}\boldsymbol{x}_0 = (\boldsymbol{p}_1\ \boldsymbol{p}_2)\begin{pmatrix} \alpha^n & 0 \\ 0 & \beta^n \end{pmatrix}\begin{pmatrix} c_1 \\ c_2 \end{pmatrix}$$

と表せば

$$\boldsymbol{x}_n = c_1\alpha^n\boldsymbol{p}_1 + c_2\beta^n\boldsymbol{p}_2 \tag{4.26}$$

となる. この式を方程式 (4.25) の**一般解**と呼び, 1 次独立な 2 つの解 $\alpha^n\boldsymbol{p}_1$,

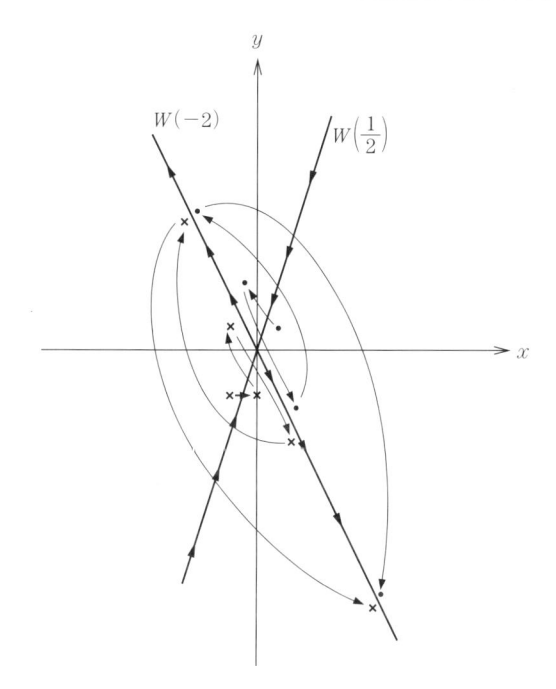

4.3 固有値と固有ベクトルの応用 *

図 4.7 解の流れ（原点は鞍点）

$\beta^n \boldsymbol{p}_2$ を**基本解**と呼ぶ．もちろん，上の例 4.7 のように初期値 x_0, y_0 を用いて表した解も一般解である．固有値が，重根や虚数根のときの一般解については，以下の問に譲る．

問 8. 2 次正方行列 A の固有値が重根 α で対角化不可能なとき，例題 4.4 のように適当な正則行列 $P = (\boldsymbol{p}_1 \ \boldsymbol{p}_2)$ を選べば，つぎのように三角化できる：

$$P^{-1}AP = \begin{pmatrix} \alpha & 1 \\ 0 & \alpha \end{pmatrix} = \Lambda.$$

このとき，差分方程式 $\boldsymbol{x}_{n+1} = A\boldsymbol{x}_n$, $(n = 0, 1, 2, \cdots)$ の一般解は

$$\boldsymbol{x}_n = (c_1 \alpha^n + c_2 n \alpha^{n-1}) \boldsymbol{p}_1 + c_2 \alpha^n \boldsymbol{p}_2 \tag{4.27}$$

となることを示せ．

問 9. 2 次正方行列 A の固有値が虚数 $re^{i\theta}$ と $re^{-i\theta}$ で，対応する固有ベクトルが $\boldsymbol{a} + i\boldsymbol{b}$, $\boldsymbol{a} - i\boldsymbol{b}$ のとき，差分方程式 $\boldsymbol{x}_{n+1} = A\boldsymbol{x}_n$ の実数関数の基本解として

$$r^n(\boldsymbol{a}\cos n\theta - \boldsymbol{b}\sin n\theta), \quad r^n(\boldsymbol{a}\sin n\theta + \boldsymbol{b}\cos n\theta) \tag{4.28}$$

を選ぶことができる．このことを証明せよ．

注意：複素数 $a+ib$ は $\sqrt{a^2+b^2}\left(\dfrac{a}{\sqrt{a^2+b^2}} + i\dfrac{b}{\sqrt{a^2+b^2}}\right)$ と書けるので，
$r = \sqrt{a^2+b^2}, \ \cos\theta = \dfrac{a}{\sqrt{a^2+b^2}}, \ \sin\theta = \dfrac{b}{\sqrt{a^2+b^2}}$ とおけば，
$a+ib = r(\cos\theta + i\sin\theta)$ と表すことができる（この式の右辺は**極形式**と呼ばれる）．
また，つぎの式はド・モアブルの公式と呼ばれる．

$$(\cos\theta + i\sin\theta)^n = \cos n\theta + i\sin n\theta. \tag{4.29}$$

問 10. つぎの差分方程式の一般解を求めよ．

(1) $\boldsymbol{x}_{n+1} = \begin{pmatrix} 0 & 1 \\ -2 & -3 \end{pmatrix}\boldsymbol{x}_n$ (2) $\boldsymbol{x}_{n+1} = \begin{pmatrix} 1 & -2 \\ \frac{2}{3} & -\frac{5}{3} \end{pmatrix}\boldsymbol{x}_n$

(3) $\boldsymbol{x}_{n+1} = \begin{pmatrix} 2 & -1 \\ 1 & 2 \end{pmatrix}\boldsymbol{x}_n$

差分方程式 (4.25) の解の振舞いは，微分方程式のときと同様に，行列 A の固有値の大きさに依存する．微分方程式のときは解は連続的に動くが，差分方程式では離散的な点として動く．そして，$n \to \infty$ のときの解の動き（平衡点の性質）は，つぎのようになり，微分方程式の場合と非常によく似ていることがわかる．

I. 行列 A の固有値が実数 α, β のとき（$\alpha = \beta$ の場合も含む），式 (4.26), (4.27) より，

（ⅰ）$|\alpha| < 1, |\beta| < 1$ ならば，すべての解は原点に収束する．（原点は**安定結節点**）

（ⅱ）$|\alpha| < 1, |\beta| > 1$ ならば，固有空間 $W(\alpha)$ 上の 1 点から出発した解はすべて原点に近づき，$W(\beta)$ 上の 1 点から出発した解は $W(\beta)$ 上無限遠点に発散する．$W(\alpha), W(\beta)$ 以外の点から出発した解はやがて $W(\beta)$ に近づき，無限遠点に発散する．（原点は**鞍点**）

(iii) $|\alpha|>1$, $|\beta|>1$ ならば,すべての解は発散する.(原点は**不安定結節点**)

II. 行列 A の固有値が虚数 $r(\cos\theta \pm i\sin\theta)$ のとき,式 (4.28) より,

(iv) $r<1$ (固有値の絶対値が 1 以下) ならば,すべての解は渦巻状に原点に近づく.(原点は**安定渦心点**)

(v) $r>1$ ならば,すべての解は渦巻状に原点から離れ無限遠点に向かう.(原点は**不安定渦心点**)

(vi) $r=1$ ならば,すべての解は原点を内に含む楕円上を動く.(原点は**中心**)

ここで,一般の非線形差分方程式

$$\begin{pmatrix} x_{n+1} \\ y_{n+1} \end{pmatrix} = \begin{pmatrix} f(x_n,\,y_n) \\ g(x_n,\,y_n) \end{pmatrix} \iff \boldsymbol{x}_{n+1} = \boldsymbol{F}(\boldsymbol{x}_n) \qquad (4.30)$$

と,これの線形化方程式との関係にふれる.方程式 (4.30) では,$f(x,\,y)=x$, $g(x,\,y)=y$ を満たす点 $(\bar{x},\,\bar{y})$ を**平衡点**(または**固定点**)という.平衡点から出発した解は $x_n=\bar{x},\,y_n=\bar{y},\,(n=1,2,\cdots)$ であり,自明解と呼ばれる.

さて,平衡点は $\boldsymbol{o}$ と仮定すると $f(0,0)=g(0,0)=0$ なので,原点におけるテイラー展開から方程式 (4.30) は

$$\begin{pmatrix} x_{n+1} \\ y_{n+1} \end{pmatrix} = \begin{pmatrix} a & b \\ c & d \end{pmatrix}\begin{pmatrix} x_n \\ y_n \end{pmatrix} + \begin{pmatrix} h_1(x_n,\,y_n) \\ h_2(x_n,\,y_n) \end{pmatrix} \qquad (4.31)$$

となる.ここに $a=f_x(0,0)$, $b=f_y(0,0)$, $c=g_x(0,0)$, $d=g_y(0,0)$ である(式 (4.24) 参照).この方程式を $\boldsymbol{x}_{n+1}=A\boldsymbol{x}_n+\boldsymbol{h}(\boldsymbol{x}_n)$ と書いたとき,$\boldsymbol{x}_{n+1}=A\boldsymbol{x}_n$ を非線形差分方程式 (4.30) の**線形化方程式**と呼ぶ.つぎの結果は差分方程式に対する Hartman-Grobman の定理である:

定理 4.9 非線形方程式 (4.31) は $\boldsymbol{o}$ を平衡点にもつとする.行列 A は $|A|\neq 0$ であり,絶対値 1 の固有値をもたないとする.また,$\boldsymbol{h}(\boldsymbol{x})$ は原

点のある近傍 U で連続とする.

このとき,方程式 (4.31) の U における解の流れと,線形化方程式 $\boldsymbol{x}_{n+1} = A\boldsymbol{x}_n$ の原点の近傍 V における解の流れは 1 対 1 に対応する.

4.3.3　2 次曲線の分類

2 次曲線の代表的なものは,円,楕円,双曲線および放物線などである.円は回転させても平行移動しても,方程式から円であることがすぐわかるが,回転したり平行移動されたりした他の 2 次曲線は,その方程式から曲線の種類をすぐに判別するのは難しい場合がある.ここでは,一般の x, y の 2 次式が与えられたとき,それがどんな曲線を表すかを調べる方法について述べる.最初に,楕円,双曲線,放物線のグラフとそれらの方程式の標準形をあげる(図 4.8,定義式を満たす点 P の座標が (x, y) である):

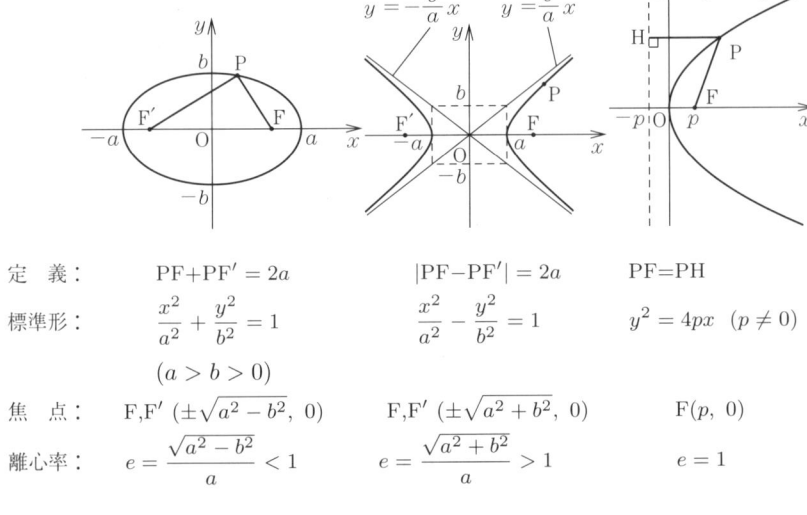

	楕円	双曲線	放物線
定　義:	$PF+PF' = 2a$	$|PF-PF'| = 2a$	$PF=PH$
標準形:	$\dfrac{x^2}{a^2} + \dfrac{y^2}{b^2} = 1$ $(a > b > 0)$	$\dfrac{x^2}{a^2} - \dfrac{y^2}{b^2} = 1$	$y^2 = 4px \ (p \neq 0)$
焦　点:	$F, F' \ (\pm\sqrt{a^2 - b^2},\ 0)$	$F, F' \ (\pm\sqrt{a^2 + b^2},\ 0)$	$F(p, 0)$
離心率:	$e = \dfrac{\sqrt{a^2 - b^2}}{a} < 1$	$e = \dfrac{\sqrt{a^2 + b^2}}{a} > 1$	$e = 1$

図 4.8　楕円,双曲線,放物線のグラフとそれらの方程式の標準形

さて,xy 平面上で,つぎの一般的な 2 次方程式を考える:

$$f(x, y) = ax^2 + 2bxy + cy^2 + 2p_1 x + 2p_2 y + q = 0 \tag{4.32}$$

ここに,$|a| + |b| + |c| \neq 0$ とする.$f(x, y) = 0$ を満たす点 (x, y) の描く図形を **2 次曲線**と呼ぶ.

$$A = \begin{pmatrix} a & b \\ b & c \end{pmatrix}, \quad \boldsymbol{x} = \begin{pmatrix} x \\ y \end{pmatrix}, \quad \boldsymbol{p} = \begin{pmatrix} p_1 \\ p_2 \end{pmatrix}$$

とおくと,式 (4.32) は

$$f(x, y) = {}^t\boldsymbol{x} A \boldsymbol{x} + 2\, {}^t\boldsymbol{p}\boldsymbol{x} + q = 0 \tag{4.33}$$

と表すことができる.このとき,A は対称行列であることに注意せよ.われわれの目的は,一般の 2 次方程式 (4.33) に平行移動や回転を施すことにより可能なかぎり単純な式(例えば標準形)に変形することである.まず最初に,平行移動により式 (4.33) の 1 次の項を消去したい.

$\boldsymbol{x}_0 = {}^t(x_0 \ y_0)$ として,$\boldsymbol{u} = \boldsymbol{x} - \boldsymbol{x}_0$ を $f(x, y)$ に代入すると

$${}^t(\boldsymbol{u} + \boldsymbol{x}_0) A (\boldsymbol{u} + \boldsymbol{x}_0) + 2\, {}^t\boldsymbol{p}(\boldsymbol{u} + \boldsymbol{x}_0) + q = 0.$$

${}^t\boldsymbol{u} A \boldsymbol{x}_0 = {}^t(A\boldsymbol{u})\boldsymbol{x}_0 = (A\boldsymbol{u},\ \boldsymbol{x}_0) = (\boldsymbol{x}_0,\ A\boldsymbol{u}) = {}^t\boldsymbol{x}_0 A \boldsymbol{u}$,を用いると,結局上の式は

$${}^t\boldsymbol{u} A \boldsymbol{u} + 2\, {}^t(A\boldsymbol{x}_0 + \boldsymbol{p})\boldsymbol{u} + f(x_0, y_0) = 0 \tag{4.34}$$

となる.もし,$\boldsymbol{x}_0$ が連立 1 次方程式

$$A\boldsymbol{x} + \boldsymbol{p} = \boldsymbol{o} \tag{4.35}$$

の解ならば,式 (4.34) の 1 次の項はなくなり

$${}^t\boldsymbol{u} A \boldsymbol{u} + f(x_0, y_0) = 0 \tag{4.36}$$

を得る.

定義 4.3 連立 1 次方程式 (4.35) を満たす解 x_0 が存在するとき, 2 次曲線 $f(x, y) = 0$ を**有心 2 次曲線**といい, x_0 をその**中心**という. また, 式 (4.35) を満たす解が存在しないとき, 2 次曲線 $f(x, y) = 0$ を**無心 2 次曲線**という.

2 次方程式 (4.33) が有心 2 次曲線のとき, 式 (4.36) の u を $-u$ と置き換えても式は変わらない. このことは, 式 (4.36) の表す曲線は原点対称であることを示している. よって, 式 (4.33) の表す曲線は中心 (x_0, y_0) に対して対称である. これに反して, 無心 2 次曲線の場合は式 (4.34) が示すように u の 1 次の項が残るので原点対称にはならない. したがって, 式 (4.33) の表す曲線には点対称となるような中心は存在しない.

例 4.8

(1) $p \neq o$, $|A| \neq 0$ のとき, 2 次曲線は有心でただ 1 つの中心をもつ.

(2) $p = o$ のとき, 2 次曲線は有心で中心は原点である.

(3) $5x^2 - 6xy + 2y^2 + 2x - 4y + 1 = 0$ は有心 2 次曲線である.

$$\begin{pmatrix} 5 & -3 \\ -3 & 2 \end{pmatrix} x + \begin{pmatrix} 1 \\ -2 \end{pmatrix} = o$$ を解いて, 中心は $(4, 7)$ である.

(4) $x^2 + 2xy + y^2 - 2x + 6y + 3 = 0$ は無心である. なぜならば

$$\begin{pmatrix} 1 & 1 \\ 1 & 1 \end{pmatrix} x + \begin{pmatrix} -1 \\ 3 \end{pmatrix} = o$$ は解をもたない.

I. <u>有心 2 次曲線の場合.</u> 行列 A の固有値を α, β とすると, 適当な直交行列 T が存在して

$$^t T A T = \begin{pmatrix} \alpha & 0 \\ 0 & \beta \end{pmatrix} = \Lambda$$

4.3 固有値と固有ベクトルの応用 *

となる．さらに，$y = {}^t T u = {}^t(X\ Y)$ とおくと，

$${}^t u A u = {}^t u T\, {}^t T A T\, {}^t T u = {}^t u T \Lambda\, {}^t T u = {}^t y \Lambda y = \alpha X^2 + \beta Y^2$$

となるので，式 (4.36) は

$$\alpha X^2 + \beta Y^2 + f(x_0, y_0) = 0 \tag{4.37}$$

となる．これを有心 2 次曲線の**標準形**と呼ぶ．

I-a. $\underline{f(x_0, y_0) \neq 0\ \text{のとき}}$． 標準形 (4.37) をつぎのように変形できる：

$$\alpha' X^2 + \beta' Y^2 = 1. \tag{4.38}$$

この形からつぎのように分類できる．

(i) $\alpha' > 0,\ \beta' > 0$ のとき，**楕円**．

(ii) $\alpha',\ \beta'$ が異符号のとき，**双曲線**．

(iii) $\alpha' < 0,\ \beta' < 0$ のとき，2 次曲線は存在しない（空集合）．

(iv) $\alpha' > 0,\ \beta' = 0$ または $\alpha' = 0,\ \beta' > 0$ のとき，**平行な 2 直線**．

I-b. $\underline{f(x_0, y_0) = 0\ \text{のとき}}$． 標準形はつぎのようになる：

$$\alpha X^2 + \beta Y^2 = 0. \tag{4.39}$$

このとき，

(v) α, β が同符号ならば，**1 点** (x_0, y_0) のみを表す．

(vi) α, β が異符号ならば，**交わる 2 直線**．

(vii) α, β の一方が 0 ならば，**1 つの直線**．

注意：(iv) と (vii) は中心は 1 つではなく無数にある場合である．

II. $\underline{\text{無心 2 次曲線の場合}}$． $p \neq o$ で，式 (4.35) が解をもたないのだから，$|A| = 0,\ A \neq O$ でなければならない．したがって，行列 A の 2 つの固有値のうち 1 つは 0 で，他は 0 でない．よって，適当な直交行列 T があり

$${}^t T A T = \begin{pmatrix} \alpha & 0 \\ 0 & 0 \end{pmatrix} = \Lambda \qquad (\alpha \neq 0)$$

と書ける．このとき，

$$^t\bm{x}T\,{}^tTAT\,{}^tT\bm{x} + 2\,{}^t\bm{p}T\,{}^tT\bm{x} + q = 0$$

より，$\bm{u} = {}^tT\bm{x}$ とおくと次式を得る：

$$^t\bm{u}\begin{pmatrix} \alpha & 0 \\ 0 & 0 \end{pmatrix}\bm{u} + 2\,{}^t\bm{p}T\bm{u} + q = 0. \tag{4.40}$$

ここで，$\bm{u} = {}^t(u\ v)$, ${}^t\bm{p}T = (d_1\ d_2)$ とおけば

$$\alpha u^2 + 2(d_1 u + d_2 v) + q = 0$$

となる．平方の形にすれば

$$\alpha\left(u + \frac{d_1}{\alpha}\right)^2 - \frac{d_1^2 - q\alpha}{\alpha} + 2d_2 v = 0 \tag{4.41}$$

となるので，この方程式が表す曲線は，$d_2 \neq 0$ なるかぎり，**放物線**である．

問 11. 無心 2 次曲線の場合，式 (4.41) の d_2 は $d_2 \neq 0$ であることを示せ．

例題 4.8 つぎの 2 次曲線の表す図形はなにか答えよ．

(1) $5x^2 - 6xy + 5y^2 - 8x - 8y + 8 = 0$,

(2) $x^2 - 2xy + y^2 + 4x + 2y - 2 = 0$.

【解答】

(1) 与式は

$$(x\ y)\begin{pmatrix} 5 & -3 \\ -3 & 5 \end{pmatrix}\begin{pmatrix} x \\ y \end{pmatrix} - 2(4\ 4)\begin{pmatrix} x \\ y \end{pmatrix} + 8 = 0$$

と書ける．連立 1 次方程式

$$\begin{pmatrix} 5 & -3 \\ -3 & 5 \end{pmatrix}\begin{pmatrix} x \\ y \end{pmatrix} = \begin{pmatrix} 4 \\ 4 \end{pmatrix}$$

を解いて，中心は $(2, 2)$ であることがわかる．係数行列の固有値は $2, 8$ で対応する固有ベクトルは $c\begin{pmatrix} 1 \\ 1 \end{pmatrix}$, $c\begin{pmatrix} -1 \\ 1 \end{pmatrix}$ なので，$T = \dfrac{1}{\sqrt{2}}\begin{pmatrix} 1 & -1 \\ 1 & 1 \end{pmatrix}$ とおく．また，$f(2,2) = -8$ なので，結局次式を得る（楕円）：

$$\frac{X^2}{2^2} + Y^2 = 1.$$

曲線のグラフおよび X 軸，Y 軸などは図 **4.9** を参照せよ．

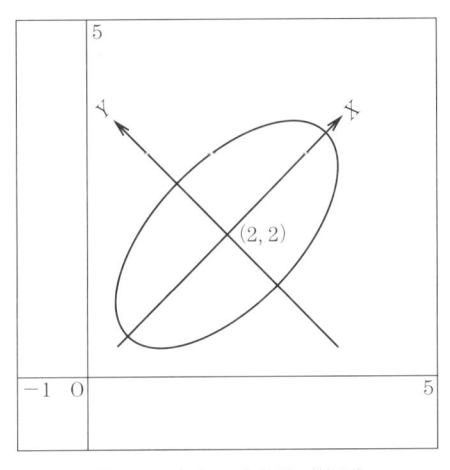

図 **4.9** 有心 2 次曲線（楕円）

(2) 与式は

$$(x\ y)\begin{pmatrix} 1 & -1 \\ -1 & 1 \end{pmatrix}\begin{pmatrix} x \\ y \end{pmatrix} + 2(2\ 1)\begin{pmatrix} x \\ y \end{pmatrix} - 2 = 0$$

であり，この係数行列を A とすると，$|A - \lambda E| = \lambda(\lambda - 2) = 0$ より，固有値 $2, 0$，固有ベクトル $c\begin{pmatrix} 1 \\ -1 \end{pmatrix}$, $c\begin{pmatrix} 1 \\ 1 \end{pmatrix}$ を得る．直交行列 T を $T = \dfrac{1}{\sqrt{2}}\begin{pmatrix} 1 & 1 \\ -1 & 1 \end{pmatrix}$, さらに $\boldsymbol{u} = {}^t(u\ v) = {}^tT\boldsymbol{x}$ とおくと，与式は

$$(u\ v)\begin{pmatrix} 2 & 0 \\ 0 & 0 \end{pmatrix}\begin{pmatrix} u \\ v \end{pmatrix} + \sqrt{2}(1\ 3)\begin{pmatrix} u \\ v \end{pmatrix} - 2 = 0$$

となる．この方程式は $2u^2 + \sqrt{2}u - 2 + 3\sqrt{2}v = 0$ と書けるので，結局つぎの放物線を得る（図 **4.10** 参照）：

$$v = -\frac{\sqrt{2}}{3}\left(u + \frac{\sqrt{2}}{4}\right)^2 + \frac{3}{8}\sqrt{2}.$$

この放物線の uv 平面における頂点は $\left(-\frac{\sqrt{2}}{4}, \frac{3}{8}\sqrt{2}\right)$，$xy$ 平面から見たときは $\left(\frac{1}{8}, \frac{5}{8}\right)$ である． ◇

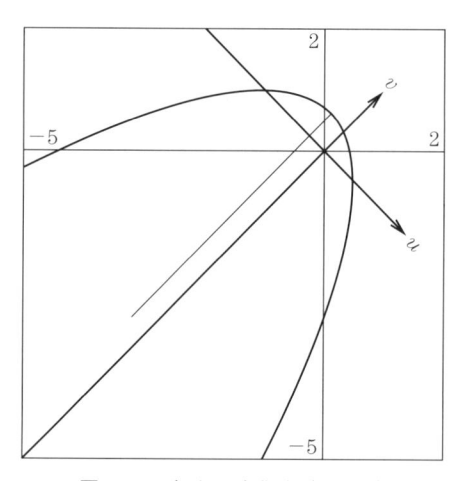

図 **4.10**　無心 2 次曲線（放物線）

問　題　4.3

問 1. つぎの連立 1 階線形微分方程式の平衡点 o の種類はなにか答えよ．

(1) $\begin{cases} x' = x - y \\ y' = -y \end{cases}$
(2) $\begin{cases} x' = -x - 2y \\ y' = 2x - y \end{cases}$

(3) $\begin{cases} x' = -2x - y \\ y' = x - ay \quad (a > 0) \end{cases}$

4.3 固有値と固有ベクトルの応用 *

問 2. 微分方程式 $\begin{cases} x' = y \\ y' = x - \delta y - x^3 \quad (\delta > 0) \end{cases}$ について,

(1) 3つの平衡点を求めよ.

(2) 各平衡点における線形化方程式を求め,平衡点の種類を答えよ.

問 3. 差分方程式 $\boldsymbol{x}_{n+1} = \begin{pmatrix} 1 & 1 & 2 \\ 0 & 2 & 2 \\ -1 & 1 & 1 \end{pmatrix} \boldsymbol{x}_n \quad (n = 0, 1, 2, \cdots)$ について,

(1) 解空間の次元と1組の基底を求めよ.

(2) 一般解を求めよ.

問 4. 連立非線形差分方程式 $\begin{cases} x_{n+1} = x_n + y_n - y_n^3 \\ y_{n+1} = -x_n - \frac{1}{2} y_n \end{cases}$ について,

(1) 平衡点をすべて求めよ.

(2) 各平衡点における線形化方程式を求め,平衡点の種類を答えよ.

問 5. つぎの2次方程式が表す曲線を調べ,そのグラフを xy 平面上に図示せよ.

(1) $x^2 - xy + y^2 - 3 = 0$

(2) $x^2 + 6xy + y^2 - 4x + 4y + 4 = 0$

(3) $4x^2 + 4xy + y^2 - 4x + 2y - 2 = 0$

(4) $x^2 - 4xy + y^2 - 6x + 6y + 6 = 0$

引用・参考文献

このテキストを執筆するにあたり，下記 5 冊の教科書をたびたび参考にさせていただいたことをここに深く感謝いたします．

文献 [2] は線形代数学全般を系統的に学びたい学生に，また，[3] は線形代数の応用に興味のある学生にお薦めできます．

[1] 上坂吉則，塚田　真：入門線形代数，近代科学社 (1987)
[2] 齋藤正彦：線型代数入門，東京大学出版会 (1977)
[3] 竹内　啓：線形数学，培風館 (1971)
[4] 戸田暢茂：基礎線形代数，学術図書出版社 (1991)
[5] 硲野敏博，原　祐子，山辺元雄：理工系の入門線形代数，学術図書出版社 (2001)

以下の [6] は，座右に置いておきたい英語で書かれた標準的な教科書で，[8] は微分方程式や差分方程式を初めて学ぶ学生さんに，[7] は "力学系" を本格的に学びたい学生さんにお勧めします．

[6] S.H. Friedberg, A.J. Insel and L.E. Spence：*Linear Algebra (Fourth Edition)*, Prentice-Hall (2003)
[7] J. Guckenheimer and P. Holmes：*Nonlinear Oscillations, Dynamical Systems, and Bifurcations of Vector Fields*, Springer-Verlag, New York (1983)
[8] 大橋常道：微分方程式・差分方程式入門，コロナ社 (2007)

問 の 答

1 章

問 1. $AB = \begin{pmatrix} 10 & -22 \\ -1 & 16 \end{pmatrix}$, $BA = \begin{pmatrix} 17 & -1 & -5 \\ 13 & 5 & -3 \\ -12 & 4 & 4 \end{pmatrix}$

問 2. (1) $\begin{pmatrix} 4 & 2 & -3 \\ -2 & 3 & 1 \end{pmatrix} \begin{pmatrix} x_1 \\ x_2 \\ x_3 \end{pmatrix} = \begin{pmatrix} b_1 \\ b_2 \end{pmatrix}$

(2) $\begin{pmatrix} y_1 \\ y_2 \end{pmatrix} = \begin{pmatrix} 2 & -3 \\ -1 & 4 \end{pmatrix} \begin{pmatrix} x_1 \\ x_2 \end{pmatrix} + \begin{pmatrix} 2 \\ -3 \end{pmatrix}$

問 3. ${}^t(AB)$, ${}^tB\,{}^tA$ 共に $\begin{pmatrix} 10 & -1 \\ -22 & 16 \end{pmatrix}$ である.

問 4. 略

問 5. $a = -1, b = -3$.

問 6. A の左から任意の行列を掛けたとき, $(1,1)$ 成分は必ず 0 になるので, $XA = E$ を満たす行列は存在しない.

問 7. (1) $\begin{pmatrix} \frac{2}{3} & -\frac{1}{3} \\ -\frac{1}{2} & \frac{1}{2} \end{pmatrix}$ (2) $a \neq \pm 2$.

問 8. 略

問 9. 略

問 10. $A^{-1} = \begin{pmatrix} \frac{1}{a} & -\frac{1}{a^2} & \frac{1}{a^3} \\ 0 & \frac{1}{a} & -\frac{1}{a^2} \\ 0 & 0 & \frac{1}{a} \end{pmatrix}$. 証明は数学的帰納法を用いよ.

問 11. $\mathbf{R}^n$ における原点を O, $\boldsymbol{a} = \overrightarrow{OA}$, $\boldsymbol{b} = \overrightarrow{OB}$ とおき, 三角形 OAB で余弦定理を用いると, $|AB|^2 = |\boldsymbol{b} - \boldsymbol{a}|^2 = |\boldsymbol{a}|^2 + |\boldsymbol{b}|^2 - 2|\boldsymbol{a}||\boldsymbol{b}|\cos\theta$. したがって

$$|\boldsymbol{a}||\boldsymbol{b}|\cos\theta = \frac{1}{2}(|\boldsymbol{a}|^2 + |\boldsymbol{b}|^2 - |\boldsymbol{b} - \boldsymbol{a}|^2)$$
$$= \frac{1}{2}[(a_1^2 + a_2^2 + \cdots + a_n^2) + (b_1^2 + b_2^2 + \cdots + b_n^2)$$
$$- ((b_1 - a_1)^2 + (b_2 - a_2)^2 + \cdots + (b_n - a_n)^2)$$

$$= a_1b_1 + a_2b_2 + \cdots + a_nb_n = (\boldsymbol{a}, \boldsymbol{b})$$

問 12. (1) $\dfrac{\pi}{2}$（垂直） (2) $\dfrac{1}{4}\pi$ (3) $\dfrac{2}{3}\pi$

問 13. $(\boldsymbol{y}, \boldsymbol{y}) = (A\boldsymbol{x}, A\boldsymbol{x}) = {}^t(A\boldsymbol{x})A\boldsymbol{x} = {}^t\boldsymbol{x}\,{}^tAA\boldsymbol{x} = {}^t\boldsymbol{x}\boldsymbol{x} = (\boldsymbol{x}, \boldsymbol{x})$ より明らか．

問 14. (1) 行列 $\dfrac{1}{3}\begin{pmatrix} -1 & 7 \\ 1 & -10 \end{pmatrix}$ で表される 1 次変換．

(2) $a = 0,\ b = 2$.

2 章

問 1. (1) 1 (2) 1 (3) -1

問 2. (1) 1 (2) -1 (3) -1

問 3. (1) 1 (2) -3 (3) 21

問 4. (1) $(a + b + c)(a^2 + b^2 + c^2 - ab - bc - ca)$

(2) $(a + b + c)(a - b)(b - c)(c - a)$

(3) $2(a + b)(b + c)(c + a)$

問 5. ± 1. ヒント：${}^tAA = E$ の両辺の行列式を考えよ．

問 6. (1) $-(x - y)(y - z)(z - x)$ (2) -5

問 7. 略

問 8. (1) $x = \dfrac{1 + m}{1 + m^2},\ y = \dfrac{1 - m}{1 + m^2}$ (2) $x = -2,\ y = -1, z = 3$

問 9. (1) $a = -\dfrac{3}{2},\ \begin{pmatrix} x \\ y \end{pmatrix} = \begin{pmatrix} 0 \\ \dfrac{3}{2} \end{pmatrix} + c\begin{pmatrix} 1 \\ 2 \end{pmatrix}$

(2) $a = -1,\ \begin{pmatrix} x \\ y \\ z \end{pmatrix} = \begin{pmatrix} 5 \\ -3 \\ 0 \end{pmatrix} + c\begin{pmatrix} -7 \\ 5 \\ 1 \end{pmatrix}$

問 10. （ヒントのみ）まず各基本行列の行列式が 0 でないことを確かめよ．右辺の行列が逆行列であることは，計算で確かめよ．

問 11. (1) $x = -2,\ y = 5,\ z = 3$ (2) $\dfrac{1}{5}\begin{pmatrix} 1 & -1 \\ 2 & 3 \end{pmatrix}$ (3) $\dfrac{1}{2}\begin{pmatrix} 2 & -1 & 0 \\ -2 & 1 & -2 \\ 2 & 0 & 2 \end{pmatrix}$

問 12. (1) $\Rightarrow$ (2)：A の左から基本行列 $P_i(c),\ P_{ij},\ P_{ij}(c)$ などを有限回掛けて，階段行列 A_r を得たとする．基本行列は正則なので，それらの積を P とすると P も正則行列で

$$PA = A_r = \begin{pmatrix} a'_{1i_1} & a'_{1i_1+1} & \cdots & & a'_{1n} \\ & & a'_{2i_2} & \cdots & & a'_{2n} \\ & & & \ddots & & \vdots \\ O & & & & a'_{ri_r} & \cdots \end{pmatrix} \leftarrow n \times n \text{ 行列}$$

となる.左辺は正則行列の積だから正則である.よって,右辺の A_r も正則でなければならない.$|A_r| \neq 0$ より,上の階段行列は上三角行列で,対角成分の積は $a'_{1i_1} a'_{2i_2} \cdots a'_{ni_n} = a'_{11} a'_{22} \cdots a'_{nn} \neq 0$ でなければならない.このことから,$\text{rank}\, A_r = n$ がわかる.

(2) $\Rightarrow$ (3):$\text{rank}\, A = n$ だから,A は有限回の基本変形で上三角行列 A_n に変換される($PA = A_n$).A_n の対角成分はすべて 0 でないので,さらに有限回の基本変形で単位行列 E に変換される($QA_n = E$):

$$A \xrightarrow{P} A_n \xrightarrow{Q} E.$$

P, Q は基本行列の積なので共に正則で,$QPA = E$ より,$A = P^{-1}Q^{-1}$ となる.P^{-1}, Q^{-1} はやはり基本行列の積なので,結論 (3) が得られた.

(3) $\Rightarrow$ (1):$P_i(c), P_{ij}, P_{ij}(c)$ が正則行列より,明らか.

問 13. (1) 1 (2) 3 (3) 2

3 章

問 1. 略

問 2. (1) $a = \dfrac{24}{5}$ (2) $a = -18$

問 3. (1) $e^{\lambda x}$ (2) $ce^{\lambda x}$ (c は任意定数)

問 4. (ヒントなど)
(1) 2 階導関数を計算し,与式に代入せよ.
(2) ロンスキー行列式が 0 でないことを示せ.
(3) $y = -\sin x + 2\cos x$.

問 5. (1) 1 次従属 (2) 1 次従属 (3) 1 次独立

問 6. (ヒントのみ) ロンスキー行列式が 0 でないことを示せ.

問 7. (ヒントのみ) V_1 の x_n は等比数列なので,$x_n = r^n x_0$ と書ける.任意の 2 つの元 $r^n x_0, r^n y_0$ の和や $c r^n x_0$ が V_1 に属すことは明らか.零元は $x_n = 0$ (恒等的に 0 の解),逆元は $-x_n$ とすればよい.また定義 3.2(1)〜(8) は成り立つ.

V_2 の差分方程式 $x_{n+2} - 5x_{n+1} + 6x_n = 0$ の解を $x_n = \lambda^n$ とおくと,

$$\lambda^2 - 5\lambda + 6 = 0 \cdots \text{①} \quad (\text{これは}\textbf{特性方程式}\text{と呼ばれる})$$

を得る．逆に①を満たす λ に対して $x_n = \lambda^n$ は与式の解となる．よって V_2 の解は $x_n = a\,2^n + b\,3^n$ (a, b は任意定数) と書ける．このような x_n の集合に対して，定義 3.2 が成り立つことを示せ．

問 8. M_2 の部分集合であることは明らか．W の任意の 2 元の和は

$$\begin{pmatrix} a & b \\ 0 & c \end{pmatrix} + \begin{pmatrix} a' & b' \\ 0 & c' \end{pmatrix} = \begin{pmatrix} a+a' & b+b' \\ 0 & c+c' \end{pmatrix} \in W.\quad \text{また,}$$

$$k\begin{pmatrix} a & b \\ 0 & c \end{pmatrix} = \begin{pmatrix} ka & kb \\ 0 & kc \end{pmatrix} \in W \quad \text{が成り立つので部分空間である．}$$

問 9. 略

問 10. (1) $\dfrac{x-1}{-2} = \dfrac{y-2}{3} = z+2 = t.$

(2) $\dfrac{x-2}{4} = \dfrac{y-3}{5} = \dfrac{z+1}{-4} = t.$

(3) $4x + y - 3z = 7.$ (4) $\left(\begin{pmatrix} 2 \\ -4 \\ 5 \end{pmatrix}, \begin{pmatrix} x-1 \\ y-1 \\ z-1 \end{pmatrix} \right) = 0$

問 11. $\dfrac{x - \dfrac{9}{5}}{2} = y - \dfrac{1}{5} = \dfrac{z-1}{-1}$

問 12. $\theta = \dfrac{\pi}{4}$

問 13. (ヒントのみ) $\boldsymbol{a} = \begin{pmatrix} a_1 \\ a_2 \\ a_3 \end{pmatrix}$, $\boldsymbol{b} + \boldsymbol{c} = \begin{pmatrix} b_1 + c_1 \\ b_2 + c_2 \\ b_3 + c_3 \end{pmatrix}$ とおいて，外積の定義で計算せよ．

問 14. (ヒントのみ) $\overrightarrow{AB} = \begin{pmatrix} b_1 - a_1 \\ b_2 - a_2 \\ 0 \end{pmatrix}$, $\overrightarrow{AC} = \begin{pmatrix} c_1 - a_1 \\ c_2 - a_2 \\ 0 \end{pmatrix}$ の外積を用いよ．

4 章

問 1. (ヒントのみ) $|z| = |a+bi| = \sqrt{a^2 + b^2}$ である．$z_1 = x_1 + y_1 i$, $z_2 = x_2 + y_2 i$ とおき，左辺と右辺を計算して確かめよ．

問 2. (背理法) 異なる固有値 λ_1, λ_2 に対して，同じ固有ベクトル $\boldsymbol{x}$ をもったとすると，$A\boldsymbol{x} = \lambda_1 \boldsymbol{x}$ $\cdots$ ①, $A\boldsymbol{x} = \lambda_2 \boldsymbol{x}$ $\cdots$ ② が成り立つ．①−②より，$\boldsymbol{o} = (\lambda_1 - \lambda_2)\boldsymbol{x}$ なので，$\boldsymbol{x} = \boldsymbol{o}$ となる．(矛盾)

問 3. (1) 固有値は 3 (重根)．固有ベクトルは $c\begin{pmatrix} 1 \\ -1 \end{pmatrix}$ だけなので対角化不可能．

問 の 答   141

(2) 固有値は $1\pm 2i$, 固有ベクトルは $c\begin{pmatrix} 1 \\ \pm i \end{pmatrix}$ (複号同順). $P = \begin{pmatrix} 1 & 1 \\ i & -i \end{pmatrix}$ として,

$$P^{-1}AP = \frac{1}{2}\begin{pmatrix} 1 & -i \\ 1 & i \end{pmatrix}\begin{pmatrix} 1 & 2 \\ -2 & 1 \end{pmatrix}\begin{pmatrix} 1 & 1 \\ i & -i \end{pmatrix} = \begin{pmatrix} 1+2i & 0 \\ 0 & 1-2i \end{pmatrix}.$$

(3) 固有値は $1, -1, 2$. 対応する固有ベクトルは $c\begin{pmatrix} 1 \\ 0 \\ -1 \end{pmatrix}$, $c\begin{pmatrix} -2 \\ 1 \\ 3 \end{pmatrix}$, $c\begin{pmatrix} -1 \\ 1 \\ 1 \end{pmatrix}$.

$$P^{-1}AP = \begin{pmatrix} 2 & 1 & 1 \\ 1 & 0 & 1 \\ -1 & 1 & -1 \end{pmatrix}\begin{pmatrix} 6 & -1 & 5 \\ 3 & 2 & -3 \\ -7 & 1 & -6 \end{pmatrix}\begin{pmatrix} 1 & -2 & -1 \\ 0 & 1 & 1 \\ -1 & 3 & 1 \end{pmatrix}$$
$$= \begin{pmatrix} 1 & 0 & 0 \\ 0 & -1 & 0 \\ 0 & 0 & 2 \end{pmatrix}.$$

問 4. (1) $T = \dfrac{1}{\sqrt{2}}\begin{pmatrix} 1 & 1 \\ 1 & -1 \end{pmatrix}$ として, ${}^tTAT = \begin{pmatrix} -1 & 0 \\ 0 & 5 \end{pmatrix}$.

(2) $T = \dfrac{1}{\sqrt{2}}\begin{pmatrix} 1 & 1 \\ -1 & 1 \end{pmatrix}$ として, ${}^tTAT = \begin{pmatrix} 2 & 0 \\ 0 & -2 \end{pmatrix}$.

(3) $T = \dfrac{1}{\sqrt{2}}\begin{pmatrix} 1 & 0 & -1 \\ 0 & \sqrt{2} & 0 \\ 1 & 0 & 1 \end{pmatrix}$ として, ${}^tTAT = \begin{pmatrix} 1 & 0 & 0 \\ 0 & 2 & 0 \\ 0 & 0 & 3 \end{pmatrix}$.

問 5. (1) $c_1 e^{-t}\begin{pmatrix} 1 \\ 1 \end{pmatrix} + c_2 e^{-3t}\begin{pmatrix} 1 \\ -1 \end{pmatrix}$ (2) $c_1 e^{-t}\begin{pmatrix} 1 \\ 1 \end{pmatrix} + c_2 e^{2t}\begin{pmatrix} 4 \\ 1 \end{pmatrix}$

(3) $c_1 e^{-t}\begin{pmatrix} \cos\sqrt{2}t \\ \cos\sqrt{2}t - \sqrt{2}\sin\sqrt{2}t \end{pmatrix} + c_2 e^{-t}\begin{pmatrix} \sin\sqrt{2}t \\ \sin\sqrt{2}t + \sqrt{2}\cos\sqrt{2}t \end{pmatrix}$

問 6. (ヒントのみ) $P^{-1}\boldsymbol{x}' = P^{-1}APP^{-1}\boldsymbol{x}$, $\begin{pmatrix} u \\ v \end{pmatrix} = P^{-1}\begin{pmatrix} x \\ y \end{pmatrix}$ より $\begin{pmatrix} u' \\ v' \end{pmatrix} = \begin{pmatrix} \alpha & 1 \\ 0 & \alpha \end{pmatrix}\begin{pmatrix} u \\ v \end{pmatrix}$ を得る. $v = c_2 e^{\alpha t}$, $u = (c_1 + c_2 t)e^{\alpha t}$ となるので, $\boldsymbol{x} = u\boldsymbol{p}_1 + v\boldsymbol{p}_2$ に代入する.

問 **7.** (ヒントのみ) $y = x'$ とおけば,$y' = -qx - py$ となる.

問 **8.** (ヒントのみ) $\boldsymbol{y}_n = P^{-1}\boldsymbol{x}_n$ とおくと,$\boldsymbol{y}_{n+1} = \begin{pmatrix} \alpha & 1 \\ 0 & \alpha \end{pmatrix} \boldsymbol{y}_n$ を得る.

$\boldsymbol{y}_n = \begin{pmatrix} \alpha & 1 \\ 0 & \alpha \end{pmatrix}^n \boldsymbol{y}_0 = \begin{pmatrix} \alpha^n & n\alpha^{n-1} \\ 0 & \alpha^n \end{pmatrix} \boldsymbol{y}_0$ なので,$\boldsymbol{y}_0 = {}^t(c_1\ c_2)$ とおいて,$\boldsymbol{x}_n = P\boldsymbol{y}_n$ を計算すればよい.

問 **9.** (ヒントのみ) $r^n e^{in\theta}(\boldsymbol{a}+i\boldsymbol{b})$ は1つの解なので,これを与式に代入すると

$$r^{n+1}\{\cos(n+1)\theta + i\sin(n+1)\theta\}(\boldsymbol{a}+i\boldsymbol{b}) = Ar^n\{\cos n\theta + i\sin n\theta\}(\boldsymbol{a}+i\boldsymbol{b}).$$

実部と虚部に分けて整頓すると,次式を得る:

$$r^{n+1}\{\boldsymbol{a}\cos(n+1)\theta - \boldsymbol{b}\sin(n+1)\theta\} = Ar^n(\boldsymbol{a}\cos n\theta - \boldsymbol{b}\sin n\theta),$$

$$r^{n+1}\{\boldsymbol{a}\sin(n+1)\theta + \boldsymbol{b}\cos(n+1)\theta\} = Ar^n(\boldsymbol{a}\sin n\theta + \boldsymbol{b}\cos n\theta).$$

問 **10.** (1) $\boldsymbol{x}_n = (2x_0 + y_0)(-1)^n \begin{pmatrix} 1 \\ -1 \end{pmatrix} - (x_0 + y_0)(-2)^n \begin{pmatrix} 1 \\ -2 \end{pmatrix}$

(2) $\boldsymbol{x}_n = \dfrac{x_0 - y_0}{2}\left(\dfrac{1}{3}\right)^n \begin{pmatrix} 3 \\ 1 \end{pmatrix} + \dfrac{3y_0 - x_0}{2}(-1)^n \begin{pmatrix} 1 \\ 1 \end{pmatrix}$

(3) $\cos\theta = \dfrac{2}{\sqrt{5}}$,$\sin\theta = \dfrac{1}{\sqrt{5}}$ として,

$$\boldsymbol{x}_n = (\sqrt{5})^n \left\{ \begin{pmatrix} x_0 \\ y_0 \end{pmatrix} \cos n\theta + \begin{pmatrix} -y_0 \\ x_0 \end{pmatrix} \sin n\theta \right\}.$$

問 **11.** もし $d_2 = 0$ ならば,式 (4.41) は

$$\alpha\left(u + \frac{d_1}{\alpha}\right)^2 - \frac{d_1^2 - q\alpha}{\alpha} = 0$$

となり,点 $\left(-\dfrac{d_1}{\alpha}, 0\right)$ を点対称の中心としてもつ.したがって,式 (4.33) も中心をもつので矛盾.

問 題 の 答

問題 1.1

問 1. (1) $\begin{pmatrix} 12 & -7 \\ -5 & 10 \\ -18 & -8 \end{pmatrix}$ (2) $\begin{pmatrix} 5 \\ -15 \end{pmatrix}$ (3) $\begin{pmatrix} -4 & 1 & 30 \end{pmatrix}$

(4) $\begin{pmatrix} -3 & 1 & 18 \\ 8 & -5 & -6 \\ -12 & 8 & 0 \end{pmatrix}$ (5) $\begin{pmatrix} -7 & 11 \\ -24 & -1 \end{pmatrix}$

問 2. (1) $\begin{pmatrix} 1 \\ -2 \end{pmatrix}$ (2) $-\dfrac{1}{5}\begin{pmatrix} 6 & 2 \\ 4 & 3 \end{pmatrix}$ (3) $\begin{pmatrix} 1 & 2 \\ -2 & 2 \end{pmatrix}$

問 3. (1) $\begin{pmatrix} a & b \\ -b & a \end{pmatrix}$ (2) $\begin{pmatrix} a & a-d \\ 0 & d \end{pmatrix}$ (3) $\begin{pmatrix} a & b & 0 \\ b & a & 0 \\ 0 & 0 & c \end{pmatrix}$

(答の中の a, b, c, d はすべて任意の数である.)

問題 1.2

問 1. (1) $\begin{pmatrix} 3 & 4 \\ -4 & -7 \end{pmatrix}$ (2) $\begin{pmatrix} 13 & -8 \\ -8 & 5 \end{pmatrix}$ (3) $\begin{pmatrix} 5 & -8 \\ -8 & 13 \end{pmatrix}$

(4) $\begin{pmatrix} 4 & 0 \\ -24 & 0 \end{pmatrix}$ (5) $\begin{pmatrix} 2 & -4 \\ -12 & 2 \end{pmatrix}$ (6) $\begin{pmatrix} 5 & 0 \\ 8 & -1 \end{pmatrix}$

(7) $B^{2n-1} = 5^{n-1}B$, $B^{2n} = 5^n E$ (8) $\dfrac{1}{25}\begin{pmatrix} 33 & 16 \\ -16 & -7 \end{pmatrix}$

問 2. (1) $\begin{pmatrix} 1 & 1 & 0 \\ 0 & 1 & 0 \\ 0 & 0 & \frac{1}{3} \end{pmatrix}$ (2) $\begin{pmatrix} 1 & -2 & 7 \\ 0 & 1 & -3 \\ 0 & 0 & 1 \end{pmatrix}$ (3) $\begin{pmatrix} 0 & 0 & 1 \\ 0 & 1 & 0 \\ 1 & 0 & 0 \end{pmatrix}$

問 3. (1) $a = \pm\dfrac{1}{\sqrt{2}}$, $b = \pm\dfrac{1}{\sqrt{2}}$ (2) $a = \pm\dfrac{\sqrt{3}}{2}$, $b = \pm\dfrac{\sqrt{3}}{2}$

(3) $a = \pm \dfrac{\sqrt{2}}{6}$, $b = \pm \dfrac{2\sqrt{2}}{3}$, $c = \mp \dfrac{\sqrt{2}}{6}$ (答はすべて複号同順)

問 4. (1) $m = 1, 2, \cdots$ として, $A^{4m-3} = A$, $A^{4m-2} = -E$, $A^{4m-1} = -A$, $A^{4m} = E$.

(2) $\begin{pmatrix} a^n & na^{n-1} \\ 0 & a^n \end{pmatrix}$ (3) $\begin{pmatrix} a^n & (a^{n-1} + a^{n-2} + \cdots + a + 1)b \\ 0 & 1 \end{pmatrix}$

問 5. (ヒントのみ) (1), (2) 略
(3) $XA = AX = E$ を満たす X を求めよ.
(4) 等式 $E \pm A^3 = (E \pm A)(E \mp A + A^2)$ などを利用せよ. (5) 略

問題 1.3

問 1. (1) $\boldsymbol{y} = \begin{pmatrix} 0 & 1 & 0 \\ 0 & 0 & 1 \\ 1 & 0 & 0 \end{pmatrix} \boldsymbol{x}$

(2) (a) $\boldsymbol{y} = \begin{pmatrix} 0 & 1 \\ 1 & 0 \end{pmatrix} \boldsymbol{x}$ (b) $\boldsymbol{y} = \begin{pmatrix} 0 & -1 \\ -1 & 0 \end{pmatrix} \boldsymbol{x}$

(3) $(\boldsymbol{x}, A\boldsymbol{y}) = {}^t\boldsymbol{x} A \boldsymbol{y} = {}^t\boldsymbol{x}\, {}^t\!A \boldsymbol{y} = {}^t(A\boldsymbol{x})\boldsymbol{y} = (A\boldsymbol{x}, \boldsymbol{y})$

問 2. (1) $\mathrm{A}'\left(\dfrac{1}{2}, \dfrac{\sqrt{3}}{2}\right)$, $\mathrm{B}'\left(\dfrac{1-\sqrt{3}}{2}, \dfrac{1+\sqrt{3}}{2}\right)$, $\mathrm{C}'\left(-\dfrac{\sqrt{3}}{2}, \dfrac{1}{2}\right)$ として, 四角形 $\mathrm{OA}'\mathrm{B}'\mathrm{C}'$ に移る.

(2) 半径 1 の円.

問 3. (1) 直線 $y = -2x$. (2) 直線 $y = 2x$.

問 4. (1) 直線 $y = 2x$. (2) 直線 $y = x$.

(3) $\begin{pmatrix} \frac{1}{2} \\ -\frac{1}{2} \\ 0 \end{pmatrix} + c \begin{pmatrix} -1 \\ 3 \\ 2 \end{pmatrix}$. ($c$ は任意定数)

問 5. $\boldsymbol{z} = \begin{pmatrix} 9 & -4 \\ -13 & -2 \\ 10 & 1 \end{pmatrix} \boldsymbol{x}$

問 6. $x_n = 2^n x_0 - \dfrac{1}{3}\left\{4 \cdot 2^{n-1} - \left(\dfrac{1}{2}\right)^{n-1}\right\} y_0$, $y_n = \left(\dfrac{1}{2}\right)^n y_0$.

問題の答　　145

問題 2.1
問 1. (1) 39　　(2) 1　　(3) -47　　(4) 12　　(5) $x^3+y^3+z^3-3xyz$
　　　(6) 20
問 2. (1) $-2, 8$　　(2) $-4, 2$　　(3) 1, 3

問題 2.2
問 1. $|A|=6$, $|B|=-3$, $|AB|=-18$
問 2. (1) $A_{11}=d$, $A_{12}=-c$, $A_{21}=-b$, $A_{22}=a$
　　　(2) $A_{11}=-4$, $A_{12}=-2$, $A_{13}=8$, $A_{21}=-8$, $A_{22}=-11$,
　　　　　$A_{23}=2$, $A_{31}=-4$, $A_{32}=-16$, $A_{33}=8$, $|A|=4\cdot(-8)+2\cdot 2=-28$
問 3. 略
問 4. (1) 180　　(2) $-a(a-b)^3$　　(3) $(af-be+cd)^2$
問 5. (ヒントのみ) 高校で学んだ直線の式に変形するか、または、与式は x,y につ
　　いての 1 次式であり、この式に 2 点を代入するといつも成り立つことを示す。
問 6. (1) $\boldsymbol{a}=\overrightarrow{\mathrm{OA}}$, $\boldsymbol{b}=\overrightarrow{\mathrm{OB}}$ とおき、$\boldsymbol{a}$ と $\boldsymbol{b}$ のなす角を θ とすると、平行四辺形
　　の面積は
$$|\boldsymbol{a}||\boldsymbol{b}|\sin\theta = \sqrt{|\boldsymbol{a}|^2|\boldsymbol{b}|^2-(\boldsymbol{a},\boldsymbol{b})^2}$$
$$=\sqrt{(a_1b_2-a_2b_1)^2}=|a_1b_2-a_2b_1|.$$

(2) 3 次元ベクトルで (1) と同様にして、平行四辺形の面積は
$$\sqrt{|\boldsymbol{a}|^2|\boldsymbol{b}|^2-(\boldsymbol{a},\boldsymbol{b})^2}$$
$$=\sqrt{(a_1b_2-a_2b_1)^2+(a_2b_3-a_3b_2)^2+(a_1b_3-a_3b_1)^2}.$$

問題 2.3
問 1. (1) $\dfrac{1}{2+a^2}\begin{pmatrix}1 & -a \\ a & 2\end{pmatrix}$　　(2) 正則でない　　(3) $\dfrac{1}{3}\begin{pmatrix}-1 & -1 & 1 \\ -2 & -5 & -1 \\ 4 & 7 & 2\end{pmatrix}$

問 2. (1) $x=1, y=\dfrac{2}{3}, z=-\dfrac{1}{3}$　　(2) $x=5, y=4, z=-4, w=-2$

問 3. (1) $a=2$ のとき、$c\begin{pmatrix}2\\1\end{pmatrix}$. $a=-2$ のとき、$c\begin{pmatrix}2\\-1\end{pmatrix}$.

　　　(2) $u=-4$ のとき (自由度 1)、$c\begin{pmatrix}1\\1\\1\end{pmatrix}$. $u=2$ のとき (自由度 2)、

$$c_1\begin{pmatrix}-1\\0\\1\end{pmatrix}+c_2\begin{pmatrix}-1\\1\\0\end{pmatrix}\quad(\text{解の表現はこれ以外にもある}).$$

問 4. $a=-1$ のとき,3直線はすべて異なり1点 $(0,1)$ を通る. $a=2$ のとき,第1式と第3式は一致する.

問題 2.4

問 1. (1) $\begin{pmatrix}x_1\\x_2\\x_3\end{pmatrix}=\begin{pmatrix}4\\7\\0\end{pmatrix}+c\begin{pmatrix}-2\\-1\\1\end{pmatrix}$ (2) $\begin{pmatrix}x_1\\x_2\\x_3\\x_4\end{pmatrix}=c_1\begin{pmatrix}1\\-1\\0\\1\end{pmatrix}+c_2\begin{pmatrix}-1\\0\\1\\0\end{pmatrix}$

問 2. (1) $\begin{pmatrix}1&1\\-3&-4\end{pmatrix}$ (2) $\dfrac{1}{3}\begin{pmatrix}-5&4&2\\-3&3&3\\-1&-1&-2\end{pmatrix}$ (3) $\begin{pmatrix}1&-a&a^2&-a^3\\0&1&-a&a^2\\0&0&1&-a\\0&0&0&1\end{pmatrix}$

問 3. (1) $a=b$ のとき,ランク 1. $a\neq b$ のとき,ランク 4.

(2) $z=1, z=\omega, z=\omega^2$ のとき,ランク 1. ただし,$\omega=\dfrac{-1+\sqrt{3}i}{2}$ (1の3乗根の1つ) である. $z^3\neq 1$ のとき,ランク 3.

問 4. (1) $a=-6$. $\begin{pmatrix}x_1\\x_2\end{pmatrix}=\dfrac{1}{7}\begin{pmatrix}-9\\8\end{pmatrix}$

(2) $a=-1$. $\begin{pmatrix}x_1\\x_2\\x_3\end{pmatrix}=\begin{pmatrix}1\\-1\\0\end{pmatrix}+c\begin{pmatrix}1\\11\\7\end{pmatrix}$

(3) $a=-2$. $\begin{pmatrix}x_1\\x_2\\x_3\\x_4\end{pmatrix}=\begin{pmatrix}-2\\2\\0\\0\end{pmatrix}+c_1\begin{pmatrix}1\\-1\\0\\1\end{pmatrix}+c_2\begin{pmatrix}-1\\1\\1\\0\end{pmatrix}$

問題 3.1

問 1. (1) 1次従属, $17\boldsymbol{a}_1+\boldsymbol{a}_2-11\boldsymbol{a}_3=\boldsymbol{o}$

問　題　の　答　　　147

(2) 1次従属, $4\boldsymbol{a}_1 - 3\boldsymbol{a}_2 + \boldsymbol{a}_3 = \boldsymbol{o}$　　(3) 1次独立

問 2. （ヒントのみ）
(1) $c_1(\boldsymbol{a}+\boldsymbol{b}) + c_2(\boldsymbol{a}-\boldsymbol{b}) = \boldsymbol{o}$ となるのは $c_1 = c_2 = 0$ のときしかないことを示せ.
(2) (1) と同様.

問 3. (1) $\{1, x, x^2, x^3\}$, $\{1, 1+x, 1+x+x^2, 1+x+x^2+x^3\}$
または $\{1+x, 2-x^2, x+x^2, 1-x+x^3\}$ など.
(2) 1次従属

問 4. (1) 基本解：e^{2x}, e^{3x}　一般解：$y = c_1 e^{2x} + c_2 e^{3x}$
(2) 基本解：e^{-2x}, xe^{-2x}　一般解：$y = (c_1 + c_2 x) e^{-2x}$
(3) 基本解：$e^{-2x}\cos 3x, e^{-2x}\sin 3x$　一般解：$y = (c_1 \cos 3x + c_2 \sin 3x) e^{-2x}$
(4) 基本解：e^{-x}, e^{2x}, xe^{2x}　一般解：$y = c_1 e^{-x} + (c_2 + c_3 x) e^{2x}$

問 5. (1) 1次従属　　(2) 1次独立　　(3) 1次独立

問題 3.2

問 1. (1) Yes　(2) No
問 2. (1) No　(2) Yes
問 3. (1) $\dim V = 2$, 2組の基底は，例えば，

$$\left\{ \begin{pmatrix} 1 \\ 0 \\ -1 \end{pmatrix} \begin{pmatrix} 2 \\ 1 \\ 0 \end{pmatrix} \right\}, \left\{ \begin{pmatrix} 0 \\ 1 \\ 2 \end{pmatrix} \begin{pmatrix} -1 \\ 0 \\ 1 \end{pmatrix} \right\}$$

(2) $\dim P = 3$. 2組の基底の例：$\{1, x, x^3\}$, $\{1+x, 1+x^3, -x+2x^3\}$.
(3) $\dim B = 2$. 2組の基底の例：$\{e^x, e^{-2x}\}$, $\{e^x, e^x + e^{-2x}\}$.
(4) $\dim S = 2$. 2組の基底の例：$\{1, 2^n\}$, $\{1+2^n, 1-2^n\}$.
(5) $\dim T = 3$. 2組の基底の例：

$$\left\{ \begin{pmatrix} 1 & 0 \\ 0 & 0 \end{pmatrix} \begin{pmatrix} 0 & 0 \\ 1 & 0 \end{pmatrix} \begin{pmatrix} 0 & 0 \\ 0 & 1 \end{pmatrix} \right\}, \left\{ \begin{pmatrix} 1 & 0 \\ 0 & 0 \end{pmatrix} \begin{pmatrix} 1 & 0 \\ 1 & 0 \end{pmatrix} \begin{pmatrix} 1 & 0 \\ 1 & 1 \end{pmatrix} \right\}.$$

問 4. W_1 について：2つの対称行列の和，および対称行列のスカラー倍は共に対称行列なので, M_n の部分空間である. $\dim W_1 = \dfrac{n(n+1)}{2}$. 1組の基底は, 例えば, (k,k) 成分が1で他の成分がすべて0の行列を A_k $(k=1,2,\cdots,n)$, (i,j) 成分と (j,i) 成分が1で他の成分がすべて0の行列を $A_{i,j}$ $(j > i, i = 1, 2, \cdots, n-1)$ として，$\{A_k, A_{i,j}\}$ である.

W_2 について：例えば, 3×3 の交代行列は $\begin{pmatrix} 0 & a & b \\ -a & 0 & c \\ -b & -c & 0 \end{pmatrix}$ である. 同様に

$n \times n$ 交代行列は，対角成分はすべて 0，上三角部分の各成分と対称な位置にある下三角部分の成分は絶対値が等しく符号が異なる．2 つの交代行列の和，および交代行列のスカラー倍はやはり交代行列となるので，M_n の部分空間である．$\dim W_2 = \dfrac{n(n-1)}{2}$.

1 組の基底は，例えば，$\{B_{i,j}\}$．ここに，$B_{i,j}$ $(j > i,\ i = 1, 2, \cdots, n-1)$ は (i,j) 成分が 1，(j,i) 成分が -1，他の成分はすべて 0 の行列である．

問 5. (1) $\dim W_1 = \dim W_2 = 2.\ \dim W_3 = 1$.

(2) $\dim W_4 = 1$, 基底は ${}^t(6\ 3\ 5)$.

(3) $\mathbf{R}^3$ は，W_1 の基底 $\{{}^t(1\ -2\ 0),\ {}^t(0\ 3\ 1)\}$ と W_3 の基底 ${}^t(1\ 1\ -1)$ によって張られる空間：

$$\mathbf{R}^3 = \left\langle \begin{pmatrix} 1 \\ -2 \\ 0 \end{pmatrix}\ \begin{pmatrix} 0 \\ 3 \\ 1 \end{pmatrix}\ \begin{pmatrix} 1 \\ 1 \\ -1 \end{pmatrix} \right\rangle$$

であることから明らかである．

問 6. (1) （ヒントのみ）$\boldsymbol{u}_i \cdot \boldsymbol{u}_j = 0\ (i \neq j)$ を示せ．

(2) $\dfrac{1}{\sqrt{2}} \begin{pmatrix} 1 \\ 0 \\ 1 \end{pmatrix},\ \dfrac{1}{\sqrt{3}} \begin{pmatrix} 1 \\ -1 \\ -1 \end{pmatrix},\ \dfrac{1}{\sqrt{6}} \begin{pmatrix} 1 \\ 2 \\ -1 \end{pmatrix}$.

問題 3.3

問 1. (1) $\dfrac{x-3}{2} = \dfrac{y+2}{-3} = z - 4$ (2) $3x + 2y - 2z = 12$

(3) $\dfrac{\sqrt{89}}{3}$ (4) 3 (5) $\dfrac{\sqrt{710}}{2}$

問 2. (1) $\dfrac{10}{3}$ (2) $\boldsymbol{a} \times \boldsymbol{b} = \begin{pmatrix} 14 \\ 9 \\ 1 \end{pmatrix},\ \boldsymbol{b} \times \boldsymbol{c} = \begin{pmatrix} -12 \\ -2 \\ 2 \end{pmatrix}$

(3) $(\boldsymbol{a} \times \boldsymbol{b}) \times \boldsymbol{c} = 4 \begin{pmatrix} 4 \\ -7 \\ 7 \end{pmatrix},\ \boldsymbol{a} \times (\boldsymbol{b} \times \boldsymbol{c}) = 8 \begin{pmatrix} 1 \\ -1 \\ 5 \end{pmatrix}$

問 3. (1) $\dfrac{|d|^3}{6|abc|}$ (2) $\dfrac{d^2\sqrt{a^2 + b^2 + c^2}}{2|abc|}$

問 4. （ヒントのみ）$(\boldsymbol{b} - \boldsymbol{a}) \times (\boldsymbol{c} - \boldsymbol{a})$ を展開せよ．

問題の答

問題 4.1

問 1. (1) 固有値は $-3, 4$. 固有ベクトルは $c\begin{pmatrix}1\\-1\end{pmatrix}, c\begin{pmatrix}5\\2\end{pmatrix}$.

(2) 固有値は $3\pm i$. 固有ベクトルは $c\begin{pmatrix}1\\-1\mp i\end{pmatrix}$. (複合同順)

(3) 固有値は $1, 2, 3$. 固有ベクトルは $c\begin{pmatrix}1\\0\\1\end{pmatrix}, c\begin{pmatrix}0\\1\\0\end{pmatrix}, c\begin{pmatrix}-1\\0\\1\end{pmatrix}$.

(4) 固有値 -1 に対する固有ベクトルは $c\begin{pmatrix}1\\1\\-1\end{pmatrix}$. 固有値 2（重根）に対する固有ベクトルは $c\begin{pmatrix}2\\-1\\-2\end{pmatrix}$ のみ.

問 2. （ヒントのみ） $\varphi_A(\lambda) = (a_{11}-\lambda)(a_{22}-\lambda)\cdots(a_{nn}-\lambda) + $ (高々 $(n-2)$ 次の多項式) となるので，これを展開せよ.

問 3. (1) $\varphi_A(\lambda)$ (2) $c^n \varphi_A\left(\dfrac{\lambda}{c}\right)$ (3) $\varphi_A(\lambda - c)$ (4) $\dfrac{(-1)^n \lambda^n \varphi_A\left(\frac{1}{\lambda}\right)}{|A|}$

問題 4.2

問 1. (1) $P = \begin{pmatrix}1 & 1\\-1 & 3\end{pmatrix}$ として, $P^{-1}AP = \begin{pmatrix}1 & 0\\0 & 5\end{pmatrix}$.

(2) $P = \begin{pmatrix}1 & 1\\-i & i\end{pmatrix}$ として, $P^{-1}AP = \dfrac{1}{2}\begin{pmatrix}1+\sqrt{3}i & 0\\0 & 1-\sqrt{3}i\end{pmatrix}$.

(3) $P = \begin{pmatrix}2 & 1 & 1\\2 & 0 & 1\\-1 & 1 & 0\end{pmatrix}$ として, $P^{-1}AP = \begin{pmatrix}1 & 1 & 0\\0 & 1 & 0\\0 & 0 & 2\end{pmatrix}$.

(4) $P = \begin{pmatrix}1 & -1 & 0\\2 & 2 & -1\\0 & -2 & 0\end{pmatrix}$ として, $P^{-1}AP = \begin{pmatrix}2 & 0 & 0\\0 & 2 & 1\\0 & 0 & 2\end{pmatrix}$.

問 2. (1) $T = \dfrac{1}{\sqrt{2}}\begin{pmatrix}1 & 1\\1 & -1\end{pmatrix}$ として, ${}^t T A T = \begin{pmatrix}\sin\theta + \cos\theta & 0\\0 & \sin\theta - \cos\theta\end{pmatrix}$.

(2) $T = \dfrac{1}{\sqrt{6}}\begin{pmatrix} 1 & \sqrt{3} & \sqrt{2} \\ -2 & 0 & \sqrt{2} \\ 1 & -\sqrt{3} & \sqrt{2} \end{pmatrix}$ として, ${}^{t}TAT = \begin{pmatrix} a-1 & 0 & 0 \\ 0 & 1-a & 0 \\ 0 & 0 & a+2 \end{pmatrix}$.

(3) $T = \dfrac{1}{\sqrt{2}}\begin{pmatrix} 1 & 1 & 0 \\ 0 & 0 & \sqrt{2} \\ -1 & 1 & 0 \end{pmatrix}$ として, ${}^{t}TAT = \begin{pmatrix} -1 & 0 & 0 \\ 0 & 1 & 0 \\ 0 & 0 & 1 \end{pmatrix}$.

問 3. (1) $\begin{pmatrix} 2^n & n2^{n-1} \\ 0 & 2^n \end{pmatrix}$

(2) $P = \begin{pmatrix} 1 & 1 \\ 1 & 0 \end{pmatrix}$ として, $P^{-1}AP = \begin{pmatrix} 2 & 1 \\ 0 & 2 \end{pmatrix}$, $A^n = 2^{n-1}\begin{pmatrix} 2+n & -n \\ n & 2-n \end{pmatrix}$.

(3) $A^n = 3^{n-1}\begin{pmatrix} n+3 & n \\ -n & -n+3 \end{pmatrix}$

(4) $P = \begin{pmatrix} 1 & 0 & 0 \\ 0 & 1 & -1 \\ 1 & -1 & 2 \end{pmatrix}$ として, $P^{-1}AP = \begin{pmatrix} 2 & 1 & 0 \\ 0 & 2 & 1 \\ 0 & 0 & 2 \end{pmatrix}$,

$A^n = 2^{n-3}\begin{pmatrix} 8-3n-n^2 & n^2+7n & n^2+3n \\ -4n & 4(n+2) & 4n \\ n-n^2 & n^2+3n & n^2-n+8 \end{pmatrix}$

問 4. (1) 固有値は $\cos\theta \pm i\sin\theta$. 行列 $P = \begin{pmatrix} 1 & 1 \\ -i & i \end{pmatrix}$ により, $P^{-1}TP = \begin{pmatrix} \cos\theta+i\sin\theta & 0 \\ 0 & \cos\theta-i\sin\theta \end{pmatrix}$ とできる.

(2) (ヒントのみ) 問題 4.1 の問 2.(3) を用いよ.

(3) (ヒントのみ) $\lambda\boldsymbol{x} = A\boldsymbol{x} = A^2\boldsymbol{x} = \lambda^2\boldsymbol{x}$ を用いよ.

問 5. (ヒントのみ)

(1) ケイリー・ハミルトンの定理より, $A^2 - (\lambda_1+\lambda_2)A + \lambda_1\lambda_2 E = O$. この式から, $n=2$ の場合の結果を得よ. つぎに $n=k$ のとき, 与式が成り立つとして数学的帰納法を用いよ.

(2) (1) と同様に数学的帰納法を用いよ.   (3) 略

問題 4.3

問 1. (1) 鞍点　(2) 安定渦心点
(3) $0 < a < 4$ のとき，安定渦心点．$4 \leq a$ のとき，安定結節点．

問 2. (1) $(0,0)$ と $(\pm 1, 0)$．
(2) $(0,0)$ における線形化方程式は

$$x' = \begin{pmatrix} 0 & 1 \\ 1 & -\delta \end{pmatrix} x.\ \text{原点は鞍点．}$$

$(\pm 1, 0)$ における線形化方程式は $\quad x' = \begin{pmatrix} 0 & 1 \\ -2 & -\delta \end{pmatrix} x.$ これらの平衡点は

$0 < \delta < 2\sqrt{2}$ のとき，安定渦心点，$2\sqrt{2} \leq \delta$ のとき，安定結節点．

問 3. (1) 解空間の次元は 3．1 組の基底は $\begin{pmatrix} 2 \\ 2 \\ -1 \end{pmatrix}, \begin{pmatrix} 2n+1 \\ 2n \\ -n+1 \end{pmatrix}, 2^n \begin{pmatrix} 1 \\ 1 \\ 0 \end{pmatrix}$.

(2) 一般解は $\quad x_n = (c_1 + c_2 n) \begin{pmatrix} 2 \\ 2 \\ -1 \end{pmatrix} + c_2 \begin{pmatrix} 1 \\ 0 \\ 1 \end{pmatrix} + c_3 2^n \begin{pmatrix} 1 \\ 1 \\ 0 \end{pmatrix}$.

問 4. (1) 平衡点は $P(0,0)$, $Q\left(\dfrac{3}{2}, -1\right)$, $R\left(-\dfrac{3}{2}, 1\right)$.

(2) 点 P における線形化方程式は $\quad x_{n+1} = \begin{pmatrix} 1 & 1 \\ -1 & -\frac{1}{2} \end{pmatrix} x_n.$ 点 P は安定渦心点．点 Q, R における線形化方程式は
$x_{n+1} = \begin{pmatrix} 1 & -2 \\ -1 & -\frac{1}{2} \end{pmatrix} x_n.$ 点 Q, R は不安定結節点．

問 5. (1) $(x\ y) \begin{pmatrix} 1 & -\frac{1}{2} \\ -\frac{1}{2} & 1 \end{pmatrix} \begin{pmatrix} x \\ y \end{pmatrix} - 3 = 0$ より，係数行列 A の固有値は

$\dfrac{3}{2}$ と $\dfrac{1}{2}$．$T = \dfrac{1}{\sqrt{2}} \begin{pmatrix} 1 & 1 \\ -1 & 1 \end{pmatrix}$ とし，$u = \begin{pmatrix} u \\ v \end{pmatrix} = {}^t T x$ とおくと，

${}^t u \begin{pmatrix} \frac{3}{2} & 0 \\ 0 & \frac{1}{2} \end{pmatrix} u - 3 = 0$ を得る．これは楕円で（**解図 4.1**），標準形は

$$\dfrac{u^2}{(\sqrt{2})^2} + \dfrac{v^2}{(\sqrt{6})^2} = 1.$$

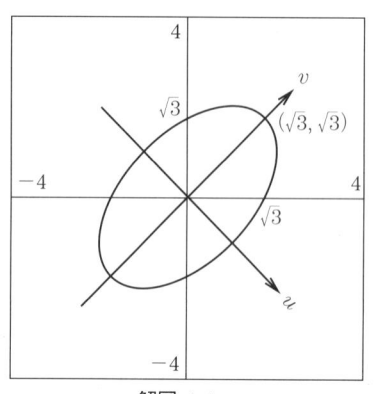

解図 4.1

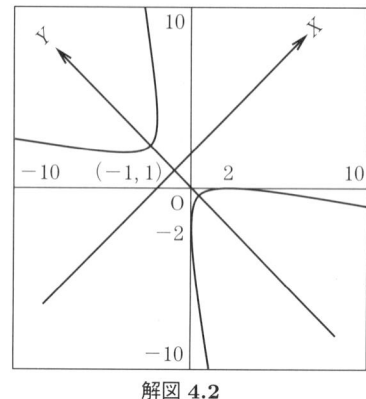

解図 4.2

(2) 与式は

$$(x\ y)\begin{pmatrix}1&3\\3&1\end{pmatrix}\begin{pmatrix}x\\y\end{pmatrix}-2(2\ -2)\begin{pmatrix}x\\y\end{pmatrix}+4=0$$

なので，方程式

$$\begin{pmatrix}1&3\\3&1\end{pmatrix}\begin{pmatrix}x\\y\end{pmatrix}-\begin{pmatrix}2\\-2\end{pmatrix}=\boldsymbol{o}$$

を解いて，中心は $\boldsymbol{x}_0 = {}^t(-1\ 1)$．係数行列の固有値は 4 と -2，固有ベクトルを並べた直交行列を $T=\dfrac{1}{\sqrt{2}}\begin{pmatrix}1&-1\\1&1\end{pmatrix}$ とおく．さらに，$\boldsymbol{u}=\boldsymbol{x}-\boldsymbol{x}_0$，$\begin{pmatrix}X\\Y\end{pmatrix}={}^tT\boldsymbol{u}$ とおくと，${}^t\boldsymbol{u}\,T\,{}^tTAT\,{}^tT\boldsymbol{u}+8=0$
(式 (4.36)) より

$$(X\ Y)\begin{pmatrix}4&0\\0&-2\end{pmatrix}\begin{pmatrix}X\\Y\end{pmatrix}+8=0.$$ これは双曲線（**解図 4.2**）で，標準形は

$$\dfrac{X^2}{(\sqrt{2})^2}-\dfrac{Y^2}{2^2}=-1.$$

(3) 与式は

$$(x\ y)\begin{pmatrix}4&2\\2&1\end{pmatrix}\begin{pmatrix}x\\y\end{pmatrix}+2(-2\ 1)\begin{pmatrix}x\\y\end{pmatrix}-2=0,$$

で,無心である.係数行列の固有値は 5 と 0 で,$T = \dfrac{1}{\sqrt{5}} \begin{pmatrix} 2 & -1 \\ 1 & 2 \end{pmatrix}$,
$\boldsymbol{u} = {}^t T \boldsymbol{x}$ とおくと,
$${}^t\boldsymbol{u} \begin{pmatrix} 5 & 0 \\ 0 & 0 \end{pmatrix} \boldsymbol{u} + \dfrac{2}{\sqrt{5}}(-3\ 4)\boldsymbol{u} - 2 = 0 \Leftrightarrow 5u^2 - \dfrac{6}{\sqrt{5}}u + \dfrac{8}{\sqrt{5}}v = 2.$$
これは放物線(**解図 4.3**)で,標準形は
$$v = -\dfrac{5\sqrt{5}}{8}\left(u - \dfrac{3\sqrt{5}}{25}\right)^2 + \dfrac{59\sqrt{5}}{200}.$$

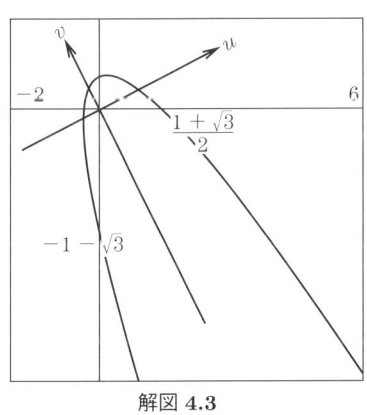

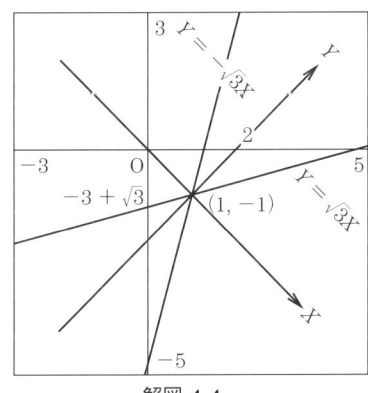

解図 4.3

解図 4.4

(4) 与式は
$$(x\ y)\begin{pmatrix} 1 & -2 \\ -2 & 1 \end{pmatrix}\begin{pmatrix} x \\ y \end{pmatrix} + 2(-3\ 3)\begin{pmatrix} x \\ y \end{pmatrix} + 6 = 0,$$
と表され,中心は $(1, -1)$.係数行列の固有値は 3 と -1 で
$$T = \dfrac{1}{\sqrt{2}}\begin{pmatrix} 1 & 1 \\ -1 & 1 \end{pmatrix}, u = x - 1, v = y + 1\ \text{とおくと, 式 (4.36) は}$$
$$(u\ v)\begin{pmatrix} 1 & -2 \\ -2 & 1 \end{pmatrix}\begin{pmatrix} u \\ v \end{pmatrix} + f(1, -1) = 0$$
となる.$f(1, -1) = 0$ なので $\boldsymbol{y} = {}^t(X\ Y) = {}^t T \boldsymbol{u}$ とおくと
$$3X^2 - Y^2 = 0 \quad (Y = \pm\sqrt{3}X)$$
を得る.これは 2 本の直線(**解図 4.4**)であり,xy 平面から見ると
$$y = (2 \pm \sqrt{3})(x - 1) - 1\ \text{である.}$$

索　　　引

【あ】
安定渦心点　　　120, 127
安定結節点　　　120, 126
鞍　点　　　120, 126

【い】
位相的同等　　　123
1 次結合　　　68
1 次従属　　　68, 71
1 次独立　　　68, 71, 79
1 次変換　　　21
位置ベクトル　　　87
一般解　　　49, 73, 124
一般化された固有空間　　　111

【う】
上三角行列　　　33

【え】
n 次元ユークリッド空間　　　17
n 次正方行列　　　10

【お】
オイラーの公式　　　76

【か】
階　数　　　61
外　積　　　89
階段行列　　　60
解の自由度　　　49
可　換　　　9

【き】
奇順列　　　27

基　底　　　82
基本解　　　77, 116, 125
基本行列　　　58
基本ベクトル　　　17
基本変形　　　54
逆行列　　　12
逆　元　　　80
共役複素数　　　97
行列式　　　28
行列の積　　　4
行列の対角化　　　101
行列のべき　　　15
極形式　　　126

【く】
偶順列　　　27
グラム・シュミットの
　直交化法　　　86
クラメルの公式　　　47

【け】
ケイリー・ハミルトンの
　定理　　　113

【こ】
交代行列　　　86
恒等変換　　　22
固定点　　　120, 127
固有空間　　　99
固有多項式　　　97
固有値　　　96
固有ベクトル　　　96
固有方程式　　　97

【さ】
サラスの方法　　　29
三角化の定理　　　109

【し】
次　元　　　82
下三角行列　　　30
自明解　　　50, 68
四面体　　　93
写　像　　　19
順　列　　　26
　――の符号　　　27
初期条件　　　73
初期値問題　　　73, 116
ジョルダン細胞　　　113
ジョルダンの標準形　　　113

【す】
スカラー倍　　　3

【せ】
正規直交基底　　　86
正則行列　　　12
零行列　　　3
零　元　　　80
線形化方程式　　　122, 127
線形空間　　　80
線形写像　　　21

【た】
対角化可能　　　102
対角成分　　　10
対称行列　　　11
代数学の基本定理　　　97

単位行列　　　　　　　　 10	【は】	【ほ】
単位ベクトル　　　　　　 18	背理法　　　　　　　　　100	方向ベクトル　　　　　　 25
【ち】	はきだし法　　　　　　　 55	法線ベクトル　　　　　　 25
中　心　　　　　　 120, 127	Hartman-Grobman の	【み】
直線の方程式　　　　　　 88	定理　　　　　　 122, 127	右手系　　　　　　　　　 87
直　和　　　　　　　　　 84	張られる空間　　　　　　 82	【む】
直交行列　　　　　　　　 14	【ひ】	無心 2 次曲線　　　　　 130
直交変換　　　　　　　　 20	非線形写像　　　　　　　 20	【ゆ】
【て】	非同次連立 1 次方程式　　46	有心 2 次曲線　　　　　 130
テイラー展開　　　　　 122	微分方程式の解　　　　　 72	【よ】
転置行列　　　　　　　　　8	微分方程式の解空間　　　 77	余因子　　　　　　　　　 38
転倒数　　　　　　　　　 26	【ふ】	余因子展開　　　　　　　 38
【と】	不安定渦心点　　　　120, 127	【ら】
同次連立 1 次方程式　　　49	不安定結節点　　　　120, 127	ランク　　　　　　　　　 61
特性方程式　　　　　　　 76	部分空間　　　　　　　　 81	【れ】
ド・モアブルの公式　　 126	不　変　　　　　　　　　 99	連立非線形微分方程式　 121
【な】	フロベニウスの定理　　 114	連立 1 階線形差分方程式 123
内　積　　　　　　　　5, 18	【へ】	連立 1 階線形微分方程式 115
【に】	平行三角柱　　　　　　　 93	【ろ】
2 階線形微分方程式　　　 72	平衡点　　　　　　　120, 127	ロンスキー行列式　　　　 75
2 次曲線　　　　　　　 129	平行六面体　　　　　　　 92	
	平面の方程式　　　　　　 88	
	ベクトル空間　　　　　　 80	

----- 著者略歴 -----

大橋　常道（おおはし　つねみち）
1969 年　東京理科大学理学部応用数学科卒業
1972 年　東京理科大学大学院修士課程修了
　　　　　（数学専攻）
1976 年　青山学院大学情報科学研究所助手
1980 年　北里大学講師（教養部）
2004 年　北里大学教授（一般教育部）
　　　　　現在に至る

谷口　哲也（たにぐち　てつや）
1992 年　東京理科大学理学部第一部物理学科
　　　　　卒業
1994 年　東北大学大学院博士前期課程修了
　　　　　（数学専攻）
1999 年　東北大学大学院博士後期課程修了
　　　　　（数学専攻）
　　　　　博士（理学）
2003 年　東北大学大学院理学研究科数学専攻
　　　　　COE フェロー
2004 年　北里大学講師（一般教育部）
　　　　　現在に至る

加藤　末広（かとう　すえひろ）
1975 年　埼玉大学理工学部数学科卒業
1978 年　千葉大学大学院修士課程修了
　　　　　（数学専攻）
1984 年　立教大学大学院後期博士課程修了
　　　　　（数学専攻）
　　　　　理学博士
1986 年　北里大学専任講師（教養部）
1994 年　北里大学助教授（教養部）
2006 年　北里大学教授（一般教育部）
　　　　　現在に至る

ミニマム線形代数
Minimum Linear Algebra　　　　　　　　ⓒ Ohashi, Kato, Taniguchi 2008

2008 年 7 月 2 日　初版第 1 刷発行
2009 年 12 月 25 日　初版第 3 刷発行

検印省略

著　者　大　橋　常　道
　　　　加　藤　末　広
　　　　谷　口　哲　也
発行者　株式会社　コロナ社
代表者　牛来真也
印刷所　三美印刷株式会社

112-0011　東京都文京区千石 4-46-10
発行所　株式会社　コロナ社
CORONA PUBLISHING CO., LTD.
Tokyo Japan
振替 00140-8-14844・電話(03)3941-3131(代)
ホームページ http://www.coronasha.co.jp

ISBN 978-4-339-06087-4　　（金）　　（製本：愛千製本所）
Printed in Japan

無断複写・転載を禁ずる
落丁・乱丁本はお取替えいたします